ISBN 978-1-332-45479-2
PIBN 10410249

This book is a reproduction of an important historical work. Forgotten Books uses
state-of-the-art technology to digitally reconstruct the work, preserving the original format
whilst repairing imperfections present in the aged copy. In rare cases, an imperfection in
the original, such as a blemish or missing page, may be replicated in our edition. We do,
however, repair the vast majority of imperfections successfully; any imperfections that
remain are intentionally left to preserve the state of such historical works.

1 MONTH OF
FREE
READING

at
www.ForgottenBooks.com

By purchasing this book you are eligible for one month membership to ForgottenBooks.com, giving you unlimited access to our entire collection of over 700,000 titles via our web site and mobile apps.

To claim your free month visit:

www.forgottenbooks.com/free410249

Prof. DAV. CARAZZI

Direttore dell' Istituto di Zoologia e Anatomia comparata
della R. Università di Padova

e

Dott. REMO GRANDORI, aiuto

Ricerche sul Plancton

della Laguna Veneta

con una tavola e sette tabelle

PADOVA

PREMIATA SOCIETÀ COOP. TIPOGRAFICA

1912

I.

INTRODUZIONE

In una brevissima nota, pubblicata nell'aprile 1907 (¹), annunziavo l'intenzione di procedere ad una serie di ricerche sulla fauna della Laguna veneta, e nei mesi di giugno e luglio del medesimo anno raccoglievo parecchi saggi planctonici facendo anche un certo numero di dragate del fondo. Queste ultime mi davano scarsi risultati, sia per la qualità che per il numero delle specie ; e mi riservo di occuparmene quando con nuove esplorazioni ne avrò a disposizione una maggior quantità. Nel presente lavoro illustro intanto il prodotto delle pescate planctoniche. Nell'esame del fitoplancton mi fu di valido sussidio l'opera del Dott. Achille Forti di Verona, autorevole conoscitore delle diatomee. La parte maggiore del zooplancton è costituita dai Copepodi, e questi vennero accuratamente e minuziosamente studiati del mio aiuto, Dott. Remo Grandori che si è ormai specializzato negli studi di copepodofauna, illustrando i crostacei della recente campagna talassografica italiana nell'Adriatico (²).

Per quanto il presente lavoro sia tutt'altro che definitivo, ritengo utile pubblicarlo, perchè mi ha condotto a risultati che mi sembrano meritevoli di esser conosciuti ; e tali che

---

(¹) CARAZZI D. - Programma di ricerche biologiche lagunari in : Ricerche Lagunari, N. 4. Venezia 1907.

(²) GRANDORI R. - Sul materiale planktonico raccolto nella 2· crooceanografica (nell'Adriatico) in *Boll. Comitato Talassografico* n. 6, 1910, p. 6.

se da ulteriori ricerche potranno essere meglio precisati ed allargati non ne saranno certo infirmati.

Prima di finire queste poche righe d'introduzione mi è grato di esprimere pubblicamente i sensi della mia gratitudine all'onorevole Direzione del R. Arsenale di Venezia, e specialmente al sig. Comandante Ciro Canciani, che, mettendo a mia disposizione un rimorchiatore della R. Marina, mi resero possibili le gite nella laguna di Malamocco, fino alla non facilmente accessibile Valle dei Figheri.

Padova, dicembre 1911.

II.

BREVI CENNI SUI CARATTERI DELLA LAGUNA VENETA

A chi non conosce l'estuario veneto sono necessarie
queste poche indicazioni. La Laguna è un ampio specchio
d'acqua salsa compreso fra la terraferma e il mare Adriatico.
Da questo la divide una lunga e stretta duna sabbiosa, detta
il Lido, che per tre ampie aperture fa comunicare la laguna
col mare aperto. Queste tre aperture sono, da nord a sud;
il porto di S. Nicolò, il porto di Malamocco, il porto di
Chioggia. Lo specchio acqueo è interrotto qua e là da isole
e da *barène*. Con quest'ultimo nome si chiamano certi tratti
di terreno di poco emergenti dal livello del mare ad alta
marea, rivestiti di una scarsa vegetazione, e che nelle alte
maree eccezionali degli equinozi e nelle forti burrasche, vengono anch'esse ricoperte dalle acque. È da ritenere che anche le numerose isole di Rivoalto, poste ai due lati del Ca-
nal grande (l'antico letto del fiume Brenta), che oggi costi-
tuiscono la città di Venezia, fossero in origine delle barène
L'uomo, col coltivarle, col piantarvi alberi e riparando con
argini le sponde, le trasformò in vere isole, sulle quali sorsero
poi i cantieri e le abitazioni della città marinara.
Ma lo specchio acqueo della laguna, quando la marea è
bassa mostra allo scoperto anche molti bassifondi (detti *velmi*
o *palù*), fra i quali corre un'intricata rete di canali; i maggiori di questi sono profondi da uno a quattro metri [1], mentre

---

[1] I canali che servono per la navigazione vengono scavati periodi-
camente con le draghe cavafanghi, perchè abbiano le profondità necessaria.

i minori hanno quote più basse, e finiscono con sperdesi nel comune bassofondo, a guisa di digitazioni, dette *ghebi*.

La duna sabbiosa, il Lido, impedisce anche nelle forti burrasche, che i marosi penetrino nella laguna; e dove è molto stretta (come verso sud, cioè nella vicinanza di Chioggia) l'opera dell'uomo ha impedito con robusti muraglioni che le acque dell'Adriatico irrompessero nella laguna. Sono questi i famosi *murazzi* costruiti, aere veneto, ad uso romano!

La laguna viene distinta, nel senso della latitudine, in tre parti: laguna di Venezia, di Malamocco e di Chioggia. Ma una divisione più importante, e che approssimativamente corre nel senso della longitudine, separa la laguna in due parti laguna viva e laguna morta. Questa confina con la terraferma, quella col Lido; la linea di separazione fra le due non è ben precisa; ma anche da un'occhiata alla carta si riesce a distinguerle approssimativamente. Nella laguna viva non ci sono barène, ma soltanto isole; in quello morta le barene sono numerose e il rimanente spazio ricoperto dalle acque è suddiviso (con argini fatti in terra e sassi, oppure da incannicciate) in tante zone, dette valli, proprietà private che servono per la pesca e per la caccia. Queste valli della laguna morta sono dette valli chiuse, per distinguerle dalle valli aperte, del resto pochissime, della laguna viva. Le valli sono separate dai canali e dai ghebi.

Le due stazioni da me scelte per fare le pescate planetoniche erano appunto: una in laguna viva (Faro Rocchetta) anzi proprio al limite fra la laguna e il porto canale di Malamocco; l'altra a Val Figheri, in laguna morta, a soli tre chilometri dall'argine del Taglio novissimo di Brenta, che segna il confine tra la terraferma e la laguna, e a 17 chilometri di distanza (misurati nell'asse del canale che vi conduce) dalla prima stazione.

L'unita cartina serve dare un'idea della regione e le due località di pesca sono indicate con due asterischi: il primo per la stazione di Malamocco, l'altro per quella di Val Figheri.

Nelle pagine che seguono sono esposti i risultati dell'esame dei saggi planctonici. Il primo capitolo, dedicato ai Copepodi, appartiene al D.' Grandori, che di queste forme ha

Pianta della Laguna Veneta

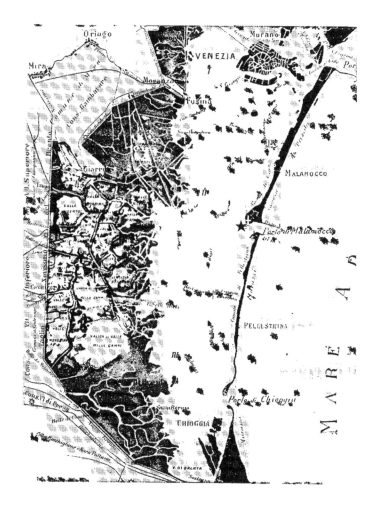

SCALA 1 : 300.000

✻ Gli asterischi indicano le due località dove furono fatte le pescate planctoniche.

fatto uno studio accurato (¹). In seguito ho esposto i dati che si riferiscono al fitoplancton e al zooplancton (esclusi i copepodi), accennando poi ad alcuni rilievi sulla salsedine e temperatura dell'acqua. E dopo aver esposte le ragioni che m'indussero a scegliere quelle due località, imprendo a discutere i dati raccolti e le conclusioni che ne possono trarre Un paragrafo speciale ho voluto dedicare all' interessante problema del « Mare sporco ».

Spero di poter riprendere nel prossimo anno 1912 queste ricerche planctoniche, facendole contemporaneamente in tre stazioni. E cioè nelle due dove ho fatto le pescate del 1907 ed una terza all' estremo del Porto-canale di Malamocco, verso il mare aperto. L'esame di poco materiale pescato andando con una torpediniera fuori del Porto di S. Nicolò di Lido fino a foce nuova di Piave (²) e le osservazioni del Grandori sul plancton della campagna talassografica compiuta dal Comitato nel 1909 (³) mi fanno credere sicura una distinzione sensibile, e che merita di essere precisata, fra il plancton di Malamocco e quello del mare aperto.

(¹) Devo fare qui una correzione a quanto è scritto a pag. 39 del presente lavoro. In una successiva pubblicazione (Zoolog. Anzeiger 39. Bd. p. 97) il Grandori ha cambiato il nome del nuovo genere RUBEUS in quello di CARAZZOIDES. La stessa correzione si deve fare al n. 68 della Tabella D.

(²) Durante questa traversata trovai anche una piccola larva di anfiosso. È noto che il Cori ne ha segnalate una volta nel Golfo di Trieste: e in questa città un'altra volta fu portato uno storione, pescato nelle vicinanze, che aveva nello stomaco una grande quantità di anfiossi.

(³) Bollettino Comitato Talassografico N. 6. 1910, p. 6.

. REMO GRANDORI

PEPODI

I.

NOTE ALLA SISTEMATICA DEI COPEPODI.

Depo i classici lavori di Claus e di Giesbrecht sulla sistematica di questo gruppo di Crostacei, il più notevole con-
tributo portato al riordinamento della sistematica è quello
dato da G. O. Sars [1901-11]. Egli ha voluto riformare completamente le basi della classificazione.

Nella parte generale del suo lavoro egli critica le clas-
sificazioni date dai precedenti autori. Non ritiene accettabile
quella del Thorell (in *Gnatostoma*, *Poecilostoma*, *Siphonostoma*)
perchè furono trovate forme di passaggio nella struttura dei
pezzi boccali, su cui si fonda la classificazione. Ritiene molto
naturale la classificazione di Giesbrecht (in *Gymnoplea* e
Podoplea) — ma insufficiente — perchè riguarda solo le
forme pelagiche esaminate da questo autore. Non ritiene accettabile la classificazione del Canu (in *Mono* - e *Diporodelphia*)
basata sulla struttura delle aperture genitali femminili. Non
fa nessuna menzione della classificazione proposta dal Claus
fin dal 1863.

Dopo tale breve critica, Sars propone una nuova classificazione, secondo la quale l'ordine dei Copepodi viene diviso in sette sottordini corrispondenti a sette tipi ben distinti,
cioè ai generi ben noti: *Calanus*, *Harpacticus*, *Cyclops*, *Noto-
delphys*, *Mostrilla*, *Caligus*, *Lernaea*. In base ai sette generi
tipici egli fonda i sottordini: *Calanoida*, *Harpacticoida*, *Cyclopoida*, *Notodelphyoida*, *Monstrilloida*, *Caligoida*, *Lernaeoida*.
L'autore non dà alcuna chiave per questi sottordini, e quindi

lo studioso che nou ha ancora profonda pratica di questo gruppo di forme, deve già fare non piccola fatica per decidere a quale sottordine appartenga una forma. Al contrario Giesbrecht ha dato (1898) nel suo volume " Copepoda Gymnoplea „ che fa parte del " Tierreich „ una chiave preziosa per orientare lo studioso nella conoscenza — a grandi linee — dei due grandi sottordini (o Tribù) di Copepodi: Gymno - e Podoplea.

Tanto nella classificazione dei Calanoida che in quella degli Harpacticoida (¹) il Sars ha voluto sminuzzare eccessivamente in famiglie numerosissime le poche famiglie fondate dai precedenti autori; e dopo avere così complicata la sistematica dei Copepodi pelagici — già così bene fondata dal Giesbrecht — non ci dà alcuna chiave dicotomica nè per le famiglie, nè per i generi, nè per le specie.

Poichè in questo lavoro mi occupo in modo speciale degli Harpacticoida, voglio ricordarne la classicazione di Sars. Egli li divide in due grandi gruppi: Achirota e Chirognatha. Il primo comprende forme aventi il secondo maxillipede non prensile, il secondo comprende forme con secondo maxillipede terminato ad uncino prensile.

Quest'ultimo gruppo Chirognatha è poi suddiviso ancora in Pleopoda e Dactylopoda: gli uni con 1° paio di zampe simili alle successive, gli altri con 1° paio di zampe dissimili dalle seguenti e prensili.

Il gruppo dei Pleopoda non fu ancora trattato dal Sars.

Il gruppo dei Dactylopoda comprende 17 famiglie. Alcune delle quali — a mio avviso — devono indubbiamente essere tolte da questo gruppo per essere ascritte a quello dei Pleopoda, e ciò in base ai caratteri stessi sui cui il Sars ha insistito. Infatti: la famiglia Tegastidae comprende forme aventi il primo paio di zampe simili alle seguenti e non prensili, come è facile rilevare dalle figure stesse date dal Sars; altrettanto dicasi per alcune specie della famiglia Diosaccidae (gen. Stenhelia con molte specie); sulla prensilità dell'endopodite del primo paio di zampe di certe forme della famiglia Cantho-

---

(¹) A tutt'oggi, soltanto questi due primi sottordini furono trattati nell'opera di SARS, ma del secondo manca ancora una parte.

camptidae io non saprei convenire (vedansi le figure di *At-theyella crassa*, *A. gracilis*, *A. pygmaea*, *A. arctica*, *A. Duthieri*; di *Moraria brevipes*; di *Parameira parva*). Strana sopratutto è la contraddizione in cui l'autore è caduto ascrivendo le quattro famiglie *Cletodidae, Anchorabolidae, Cylindropsyllidae* e *Tachidiidae* al gruppo dei *Dactylopoda*, e scrivendo poi nei caratteri di esse famiglie « primo paio di zampe *non prensile* ». E tali sono infatti; quindi è impossibile ascrivere queste forme ai *Dactylopoda*.

Dopo quanto ho esposto, appare evidente che la sistematica dei Copepodi a vita libera ha ancora bisogno di essere riordinata, tenendo conto delle forme nuove scoperte, ma modificando alquanto i criteri su cui fu basata — specialmente per opera degli autori inglesi in questi ultimi anni la sistematica degli *Harpacticoida*; in quanto al gruppo dei *Calanoida*, nonostante che parecchie siano le nuove forme scoperte, rimane sempre ottima la classificazione di Giesbrecht, nelle sue linee fondamentali, e ben poco vi sarebbe da aggiungere alle sue chiavi dicotomiche del 1898 perchè comprendessero tutte le forme conosciute.

Sulle numerose specie nuove fondate dal Sars nel citato lavoro, molto vi sarebbe da dire. Parecchie di esse — appartenenti alle famiglie *Diosaccidae, Laophontidàe, Thalestridae* — mostrano differenze minime; talora queste consistono in una o poche setole in più o in meno nel quinto paio rudimentale di arti toracici, o all'endopodite del primo paio. Ora, io ho avuto spesso sott'occhio esemplari di Laophontidi aventi quattro setole al 3.º articolo dell'endopodite della prima zampa destra, e cinque al 3.º articolo dell'endopodite corrispondente di sinistra. E questo carattere, pur non essendo stato scelto a base di dicotomie, risulta tuttavia dalle figure di Sars uno dei caratteri differenziali più salienti fra alcune specie molto vicine. Con ciò non voglio dire di aver trovato forme di passaggio che possano giustificare la fusione di più specie in una sola, ma voglio rilevare come si sia forse ecceduto nel considerare vere e proprie specie alcune di quelle recentemente fondate, specialmente se fondate — ed alcune lo furono infatti — sulla base di un solo esemplare o di pochissimi.

II.

CLASSIFICAZIONE

ADOTTATA NEL PRESENTE LAVORO.

La classificazione seguita è quella di Giesbrecht per i due sottordini o tribù di Copepodi, non trovando preferibile quella più recente di Sars in sette tribù. Per le famiglie ho adottato una classificazione ecclettica, seguendo quella di Giesbrecht per i *Gymnoplea* e per quella parte di *Podoplea* non ancora trattata dal Sars ; mentre seguo quest'ultimo per i *Podoplea Harpacticoida*, perchè (nonostante Sars abbia sminuzzato in treppe famiglie le primitive sei famiglie di Claus) la sua classificazione è a tuttoggi la più completa per questo gruppo di *Podoplea*.

In tale classificazione ecclettica non ha un posto ben definito il genere *Euterpe* che io ho lasciato per ultimo insieme al n. gen. *Rubeus* e all'incerta specie di *Oithona*. Tanto *Euterpe* che *Rubeus* appartengono alla grande tribù dei *Podoplea* di Giesbrecht, ma la famiglia a cui debbono ascriversi è incerta, dopo i recenti lavori di Sars. Non si può più aserivere il gen. *Euterpe* alla famiglia *Harpacticidae*, tale quale questa è delineata nel vecchio lavoro di Claus [1863], la parte sistematica del quale fu ragionevolmente messa in disparte dopo che si scoprirono altre numerosissime specie nuove ; e la nuova famiglia *Harpacticidae* quale è delineata nell'opera di Sars non può comprendere detto genere. Il quale an drebbe ascritto invece ad una famiglia nuova da comprendersi nel gruppo dei *Chirognatha pleopoda* non ancora trattato dal Sars. Anche il gen. n. *Rubeus* non può comprendersi in alcuna famiglia descritta finora, e dovrà ascriversi ad una nuova famiglia da comprendere nel gruppo degli *Achirota*.

ELENCO DEI COPEPODI A VITA LIBERA
RISCONTRATI NELLA LAGUNA VENETA.

La disposizione della materia di questo capitolo è la se-guente: serve di base la enumerazione delle specie disposte per ordine sistematico, e il nome di ciascuna specie forma il titolo di un paragrafo, nel quale sono esposti per ciascuna specie:

α) la distribuzione geografica sino ad oggi conosciuta, esposta specificatamente per l'Adriatico, ma in modo com-prensivo per gli altri mari ed oceani, tranne i casi in cui la letteratura è brevissima;

β) le notizie biologiche che finora si hanno sulla di-stribuzione verticale, ambienti di vita, ecc.;

γ) per talune specie le osservazioni sul posto nella si-stematica, e la descrizione se nuove;

δ) i particolari sulla presenza in vari punti della la-guna, le osservazioni quantitative, la proporzione dei sessi.

Ordo **Copepoda.**

I. Tribus **Gymnoplea**, Giesbrecht, 1892.

1. Fam. **Calanidae.**

I. Gen. PARACALANUS Boeck, 1864.

1. PARACALANUS PARVUS (Claus).

Distr. geogr.: Mar Baltico, Mar del Nord, Mediterraneo, Atlantico, Pacifico.
Christiania Fjord, costa Sud di Norvegia (G. O. Sars).

Adriatico: molte località (Claus, Graeffe, Car. Steuer).

Laguna Veneta: Malamocco, Val Figheri.

Notizie biologiche: Pronunciatamente meridionale. Sembra non si trovi più al Nord del Fjord di Christiania. Mai tro vato a Bergen nelle accurate ricerche di Nordgaard; mai osservato dal Sars nell'abbondante materiale raccolto nei mari nordici. Generalmente si trova alla superficie, tanto nel mare aperto quanto nelle insenature chiuse; non è raro anche nelle pozzanghere periodiche formate dalla marea.

In laguna viva talora in quantità straboccevole; più scarso in laguna morta.

Proporzione dei sessi: Predominano dovunque le ♀; sempre scarsissimi i ♂; talora tra molte centinaia di ♀ mancano totalmente i ♂.

II. Gen. PSEUDOCALANUS Boeck 1872.

2. PSEUDOCALANUS ELONGATUS Boeck.

Distr. geogr.: Costa Nord di Francia, Oceano Artico, Mar Baltico.

Tutta la costa di Norvegia (G. O. Sars).

Adriatico: Selve, Sebenico (Steuer).

Laguna Veneta: Malamocco.

Notizie biologiche: Molto frequente, secondo le osservazioni di G. O. Sars, sulle coste norvegesi, sia in mare aperto che nelle insenature chiuse; talora nelle pozzanghere periodiche formate dalla marea. Sovente fu osservato alla superficie, talora a maggiori profondità; in complesso può ritenersi come una forma tipicamente pelagica. I ♂ molto più frequenti delle ♀. È una specie pronunciatamente nordica (il punto più meridionale dove fu osservata è la costa Nord di Francia [Canu]); è infatti distribuito in tutto l'Oceano Artico, dalla Baja di Baffin alle Isole Nuova Siberia.

Un solo esemplare ♀ in laguna viva.

III. Gen. PIEZOCALANUS Grandori n.

3. Piezocalanus lagunaris Grandori n. sp.

Distr. geogr.: Laguna Veneta: Malamocco, Val Figheri.
Notizie biologiche: Molto frequente nella laguna viva, raro nella laguna morta; ♀ sconosciuta.

Descrizione: Questa forma caratteristica di Calanoide fu da me osservata in molti degli scandagli fatti in laguna, talora frequente, ma di solito alquanto rara. Si riconosce assai agevolmente per la particolare struttura del 5.º paio di zampe toraciche. Esso presenta notevole affinità col genere *Paracalanus*, ma se ne distingue principalmente per avere il 5.º arto toracico sinistro formato di 6 articoli anziehè di 5, e ripiegato a doppia ginocchiera nelle articolazioni del 1.º col 2.º articolo e del 2.º col 3.º Soltanto l'estremità del 6.º articolo porta due piccole spine un po' ricurve, gli altri pezzi non portano nè spine nè setole.

Il capo è fuso col 1.º segmento toracico, il 4.º segmento toracico fuso col 5.º – Rostro presente. – La zampa sinistra del 5.º pajo è lunga quanto i primi 4 segmenti dell'addome, quando le due genicolazioni formano due angoli retti. Antenna anteriore 25 articoli, alcuni fra essi (1.º-6.º, 7.º-8.º, e in parte 9º-10º) sono fusi insieme: 9.º e 10.º articolo sono fusi imperfettamente. Tutti i 25 articoli portano uno o più organi di senso (*Aesthetasken* degli autori tedeschi); gli articoli 1.º, 3.º, 14.º, 18.º, 21.º, 23.º, 24.º, portano inoltre delle setole non piumate al margine anteriore dell'antenna, e rivolte in senso più o meno perpendicolare all'asse di questa. Gli articoli 23.º e 24.º portano al margine posteriore una lunga setola piumata ciascuno. Tali setole sono molto più corte di quelle corrispondenti del gen. *Paracalanus*. Il 25.º articolo è molto più esile di tutti gli altri, porta 3 sottili setole non piumate e una larga e corta appendice di senso. Altro carattere molto visibile dell'antenna consiste nella presenza di ispessimenti chitinosi all'estremità distale del 1.º e 7.º-14.º articolo. Questo carattere, visibilissimo anche a debole ingrandimento, insieme alla struttura della zampa sinistra del 5.º paio, fa subito riconoscere la specie.

Zampe natatorie somiglianti a quelle di *Paracalanus*. Endopodite del 1.º paio 2, del 2.º–4.º paio 3 articoli; ectopodite 1.º–4.º paio 3 articoli. Orlo esterno del 2.º e 3.º articolo dell'ectopodite del 2.º–4.º paio denticolato. Spina terminale dell'ectopodite del 2.º–4.º paio con orlo lamellare sottilissimo, e ricurva in punta verso l'esterno; detta spina nel 2.º–3.º paio poco più lunga, nel 4º alquanto più corta dell'articolo che la porta.

Lunghezza dell'adulto mm. 0,8 – 0,9.

La posizione sistematica di questa specie e del genere, è facilmente determinabile, con una piccola aggiunta alla chiave dei generi data da Giesbrecht: la dicotomia N. 47 di detta chiave va modificata così:

47 {
5.ᵉ zampe nella ♀ mancanti o a forma di bottone, nel ♂ presenti solo a sinistra . *Acrocalanus*

5.ᵉ zampe nella ♀ 2 articoli; nel ♂ a destra 2, a sinistra 5 articoli . *Paracalanus*

5.ᵉ zampe nel ♂ a destra 2, a sinistra 6 articoli con doppia genicolazione . . . . *Piezocalanus* n. gen.
}

Riscontrai soltanto esemplari ♂ numerosissimi.

Questa specie offre un esempio della possibilità della determinazione anche allo stadio che precede l'ultima muta · delle 4 setole piumate di ciascun ramo della forca le due esterne sono sviluppate già a quello stadio, mentre le due interne sono appena abbozzate; allo stadio sessualmente maturo invece le due interne sono più sviluppate delle esterne Ma la specie è esattamente riconoscibile anche nello stadio precedente.

2. Fam. Centropagidae.

IV. Gen. CENTROPAGES Kröyer, 1848.

4. CENTROPAGES TYPICUS Kröyer.

Distr. geogr.: Mediterraneo occidentale, Oceano Atlantico. Costa Sud e Ovest di Norvegia (G. O. Sars).

Adriatico: molte località (Car, Graeffe, Grandori, Steuer).
Laguna Veneta : Malamocco.

Notizie biologiche : Sulle coste di Norvegia vive tanto in
mare aperto che nei Fjords ; abbonda alla superficie. Ma
per la sua distribuzione può considerarsi una specie tipicamente atlantica.

Nell' Adriatico medio (Viesti) è scarso alla superficie,
assume il massimo sviluppo numerico intorno ai 100 m. di
profondità, e torna a scarseggiare a profondità maggiori
(Grandori, 1910).

In laguna viva trovati 3 soli esemplari (2 ♂, 1 ♀).

5. CENTROPAGES AUCKLANDICUS Krämer.

Distr. geogr. : Oceano Pacifico : N. Zelanda (Krämer).
Adriatico : Porto Lignano, Brindisi (Grandori, 1910).
Laguna Veneta : Malamocco.
Notizie biologiche : Rarissimo sempre ; a Brindisi fu tro-
vato a 100 m. di profondità (Grandori, 1910).

In laguna viva trovati 3 esemplari (2 ♀, 1 ♂).

Espressi già (1910) il dubbio se questa fosse una specie
buona o una varietà, quale la aveva considerata il fonda
tore (Krämer). Credo poter affermare con Giesbrecht che
essa sia veramente una specie a sè. Tanto il ♂ che la ♀
presentano caratteri propri assai notevoli.

6. CENTROPAGES KRÖYERI Giesbrecht.

Distr. geogr. : Mediterraneo occidentale.
Adriatico : Sebenico (?), Brindisi (Steuer 1910-11); Trieste
(Graeffe, 1902).
Laguna Veneta : Malamocco, Val Figheri.
Notizie biologiche : Pepola talvolta le acque della laguna
viva, talora invece è anche ivi rarissimo. In laguna morta
trovati solo 3 esemplari

Proporzione dei sessi : Ugualmente numerosi ♀ e ♂.

7. Centropages chierchiae Giesbrecht.

Distr. geogr.: Stretto di Gibilterra (Giesbrecht, 1889).
Laguna Veneta: Val di Figheri (1 sola ♀).

V. Gen. TEMORA W. Baird, 1850.

8. Temora stylifera Dana.

Distr. geogr.: Oceano Atlantico, Mediterraneo Occidentale.
Molte località dell'Adriatico (Claus, Car, Graeffe, Grandori, Steuer).
Laguna Veneta: Malamocco.
Notizie biologiche: Nell'Adriatico fu trovata piuttosto
scarsa alla superficie – fuori Malamocco e presso Viesti
e sempre più abbondante a Viesti fino ad un massimo a
circa 100 m. di profondità; oltre la quale torna ad essere
più scarsa (Grandori, 1910).
Un solo esemplare ♀ in laguna viva.

3. Fam. **Pontellidae.**

VI. Gen. ACARTIA Dana 1846.

9. Acartia clausi Giesbrecht.

Distr. geogr.: Oceano Atlantico e Pacifico; Mar del Nord:
Mediterraneo Occidentale, Mar Nero.
Costa Sud e Ovest di Norvegia, Oceano Artico (G. O. Sars).
Molte località del Mare Adriatico (Graeffe, Car, Grandori
Steuer).
Laguna Veneta: Malamocco, Val Figheri.
Notizie biologiche: Nell'Adriatico fu trovata alla super-
ficie (presso Malamocco) e a 100 m. di profondità (Brindisi)
(Grandori, 1910).
Nella laguna viva è sempre abbondantissima, nella morta
molto più scarsa ma non vi manca quasi mai.

Proporzione dei sessi: I ♂ sono sempre rarissimi in confronto alle ♀.

II. Tribus **Podoplea,** Giesbrecht, 1892.

4. Fam. **Oncaeidae.**

VII. Gen. ONCAEA Philippi, 1843.

10. ONCAEA MEDITERRANEA Claus.

Distr. geogr.: Spitzbergen, Plymouth, Oceano Pacifico, Mediterraneo Occidentale.

Adriatico: parecchie località (Car, Graeffe, Grandori, Steuer).

Laguna Veneta: Malamocco.

Notizie biologiche: Vive fino a 4000 metri di profondità nell'Oceano Pacifico.

Nell'Adriatico (fuori Malamocco) fu trovata a piccola profondità (Grandori, 1910).

In laguna viva trovato un solo esemplare ♂

5. Fam. **Corycaeidae.**

VIII. Gen. CORYCAEUS Dana, 1845.

11. CORYCAEUS OBTUSUS Dana.

Distr. geogr.: Oceano Atlantico e Pacifico, Mediterraneo Occidentale.

Adriatico: parecchie località (Graeffe, Steuer, Grandori).

Laguna Veneta: Malamocco.

Notizie biologiche: Nell'Adriatico fu trovato a piccola profondità presso Malamocco, a 100 m. presso Brindisi (Grandori, 1910). In laguna viva non raro.

Proporzione dei sessi: I ♂ rarissimi in confronto alle ♀.

6. Fam. **Asterocheridae.**

IX. Gen. ASTEROCHERES Boeck, 1859.

12. Asterocheres suberitis Giesbrecht.

Distr. geogr.: Fu trovata finora soltanto nel Mediterraneo da Lo Bianco e da Giesbrecht.

Laguna Veneta: Malamocco.

Notizie biologiche: È semiparassita (ospite *Suberites domuncola*); come la maggior parte degli Asterocheridi, è litoranea, e sembra non si trovi nelle latitudini tropicali e bo reali.

Proporzione dei sessi: in laguna viva 4 esemplari ♂

7. Fam. **Cyclopidae.**

X. Gen. OITHONA Baird, 1843.

13. Oithona nana Giesbrecht.

Distr. geogr.: Mediterraneo occidentale.

Adriatico: parecchie località (Car, Steuer).

Laguna Veneta: Malamocco, Val Figheri.

Notizie biologiche: In laguna viva è sempre straordinariamente abbondante; piú o meno frequente in laguna morta.

Proporzione dei sessi: I ♂ sempre molto più scarsi delle ♀.

14. Oithona robusta Giesbrecht.

Distr. geogr.: 138° W., 15° N. (Giesbrecht).

Laguna Veneta: Malamocco.

Notizie biologiche: Rara in laguna viva mai trovata nella morta.

Proporzione dei sessi: ♂ sconosciuto.

15. Oithona similis Claus.

Distr. geogr.: Baltico, Mar del Nord, Atlantico. Mediterraneo, Nizza (Claus).

Adriatico: molte località (Car, Graeffe, Steuer).

Laguna Veneta: Malamocco.

Notizie biologiche: Molto rara in laguna viva mai trovata nella morta.

Proporzione dei sessi: In laguna, soltanto ♀.

16. Oithona hebes Giesbrecht.

Distr. geogr.: Bocche del Guayaquil (Giesbrecht).

Laguna Veneta: Malamocco, Val Figheri.

Notizie biologiche: Rarissima in laguna viva e in quella morta (3 esemplari ♀ in tutto).

17. Oithona brevicornis Giesbrecht.

Distr. geogr.: Hongkong (Giesbrecht).

Laguna Veneta: Val Figheri.

Proporzione dei sessi: ♂ sconosciuto (2 sole ♀ in laguna morta.

8. Fam. **Monstrillidae.**

XI. Gen. THAUMALEUS Kröyer, 1849.

18. Thaumaleus thompsoni Giesbrecht.

Distr. geogr.: Yersey, Plymouth (Bourne); Baja di Kiel Langeland (Möbius).

Laguna Veneta: Val Figheri (1 sola ♀).

9. Fam. **Longipediidae.**

XII. Gen. CANUELLA Scott, 1893.

19. CANUELLA PERPLEXA Scott.

Distr. geogr. : Coste inglesi (Brady) ; coste scozzesi (Scott) ;
Friedriksvärn (costa norvegese, fuori del Fjord di Christiania)
(G. O. Sars).
Laguna Veneta : Val Figheri.
Notizie biologiche : Si trova non rara a poche braccia di
profondità, sopra fondo sabbioso in parte coperto da alghe
(G. O. Sars).
Trovata soltanto in laguna morta, non nella viva.
Proporzione dei sessi : In laguna trovate soltanto ♀.

XIII. Gen. LONGIPEDIA Claus, 1863.

20. LONGIPEDIA CORONATA Claus.

Distr. geogr. : Heligoland, Napoli (Claus) ; coste norvegesi
(G. O. Sars).
Laguna Veneta : Val Figheri.
Notizie biologiche : G. O. Sars l'ha trovata comunissima
nel Fjord di Christiania, a profondità variabile fra 6 e 30
braccia, su fondo fangoso ; comune anche in Trondhjem Fjord,
più rara sulla costa occidentale della Norvegia.
Rarissima nella laguna morta (8 esemplari ♀).

10° Fam. **Ectinosomidae.**

XIV. Gen. ECTINOSOMA Boeck, 1864.

21. ECTINOSOMA MELANICEPS Boeck.

Distr. geogr. : Isole Britanniche (Brady, Scott) ; Spitzbergen
(Scott).

Tutta la costa di Norvegia (G. O. Sars).

Laguna Veneta : Val Figheri, Malamocco.

Notizie biologiche : Comune sulle coste Sud ed Ovest di Norvegia, nelle acque relativamente profonde, fra le alghe (G. O. Sars).

In laguna viva un solo esemplare, molti in laguna morta.

Proporzione dei sessi : In laguna : 46 ♀, 12 ♂, in tutto.

22. Ectinosoma Normani Scott.

Distr. geogr. : Firth of Forth, Stretto di Barrow (Th. Scott) Ceylon (A. Scott).

Christiania Fjord (G. O. Sars).

Laguna Veneta : Val Figheri.

Notizie biologiche : Vive nella parte interna del Fjord di Christiania, a profondità di circa 6 braccia, su fondo fangoso (G. O. Sars).

In laguna viva e in quella morta, sempre rarissima.

Proporzione dei sessi : ♂ sconosciuto.

23. Ectinosoma mixtum G. O. Sars.

Distr. geogr. : Christiania Fjord (G. O. Sars).

Laguna Veneta : Val Figheri.

Notizie biologiche : Nella parte interna del suddetto Fjord, vicino alla città, a profondità di circa 3 braccia, fondo fangoso (G. O. Sars).

In laguna viva una sola ♀ ; ♂ sconosciuto.

XV. Gen. PSEUDOBRADYA G. O. Sars, 1904.

24. Pseudobradya acuta G. O. Sars.

Distr. geogr. : Trondhjem Fjord (G. O. Sars).

Laguna Veneta : Val Figheri.

In laguna morta 4 esemplari ♀ ; ♂ sconosciuto.

XVI. Gen. MICROSETELLA Brady & Robertson, 1873.

25. MICROSETELLA NORVEGICA Boeck.

Distr. geogr.: Oceano Artico, Atlantico, Pacifico, Indiano ; Mar Rosso, Mediterraneo.
Molte località dell'Adriatico (Car, Steuer).
Coste Norvegesi (G. O. Sars).
Laguna Veneta : Malamocco.
Notizie biologiche : Secondo G. O. Sars, è costantemente pelagica, sempre rara verso il fondo, osservata in vari punti delle coste norvegesi, sempre vicino alla superficie e generalmente a notevole distanza dalla spiaggia.`
In laguna viva 1 solo esemplare ♀.

11. Fam. Harpacticidae.

XVII. Gen. HARPACTICUS M. Edwards, 1838.

26. HARPACTICUS CHELIFER (Müller).

Distr. geogr.: Isole Britanniche, Heligoland, coste di Bohuslän, coste di Francia, coste del N. America, Ceylon, Oceano Artico.
Tutta la costa norvegese (G. O. Sars).
Adriatico : Tiesuo (Car).
Laguna Veneta : Val Figheri.
Notizie biologiche : Secondo G. O. Sars, è una forma costantemente litoranea, vive in acque pochissimo profonde, vicino alla spiaggia, fra le alghe, e non di rado penetra nelle pozzanghere periodiche dovute alla marea, insieme ad altre specie litoranee. Più frequentemente si trova aderente alle alghe e ad altri oggetti subacquei.
Proporzione dei sessi : In laguna morta 8 esemplari : 6 ♀, 2 ♂.

27. HARPACTICUS UNIREMIS Kröyer.

Distr. geogr. : Mar di Behring, Isole Bear, Spitzbergen.
Tutta la costa Norvegese (G. O. Sars).
Laguna Veneta : Val Figheri.
Notizie biologiche : G. O. Sars la trovò molto frequente
su tutta la costa di Norvegia : essa non è però una forma
litoranea, ma si trova a profondità variabile fra 20 e 100
braccia, su fondo fangoso.
Proporzione dei sessi : In laguna morta 7 ♂ e 1 ♀.

28. HARPACTICUS GRACILIS Claus.

Distr. geogr. : Isole Britanniche, Baja di Kiel, Messina.
Diversi punti della costa Norvegese (G. O. Sars).
Laguna Veneta : Malamocco, Val Figheri.
Notizie biologiche : Secondo G. O. Sars, è una forma litoranea ; vive in acque relativamente poco profonde, fra le
alghe.
Fra tutti i *Podoplea Harpacticoida*, è questo il più comune e diffuso abitatore della Laguna Veneta, specialmente
della laguna morta.
Proporzione dei sessi : In laguna rinvenni 230 esemplari,
di cui 115 ♂ e 115 ♀.

29. HARPACTICUS FLEXUS Brady.

Distr. geogr. : Isole Britanniche (Brady).
Costa occidentale di Norvegia, Christiania Fjord (G. O.
Sars).
Laguna Veneta : Val Figheri.
Notizie biologiche : G. O. Sars nè trovò pochi esemplari
sulle coste norvegesi, ed anche nella parte interna del Fjord
di Christiania, in acque relativamente poco profonde, fra le
alghe.
In laguna morta 3 esemplari (2 ♀, 1 ♂).

12. Fam. **Tegastidae.**

XVIII. Gen. PARATEGASTES G. O. Sars 1904.

30. Parategastes sphaericus Claus.

Distr. geogr.: Coste scozzesi, Heligoland, Coste francesi Ceylon, Mediterraneo.

Coste norvegesi, Christiania Fjord (G. O. Sars).

Laguna Veneta: Val Figheri.

Notizie biologiche: È comune sulle coste norvegesi, vicino alle rive, fra le alghe (G. O. Sars).

In laguna morta 13 esemplari (10 ♀, 4 ♂).

13. Fam. **Idyidae.**

XIX. Gen. IDYA Philippi, 1843.

31. Idya furcata, Baird.

Distr. geogr.: Oceano Artico, Isole Britanniche, Kattegat, Costa di Francia, Mediterraneo, Mar Rosso, N. Zelanda, Isole Chatham.

Tutte le coste norvegesi (G. O. Sars).

Laguna Veneta: Val Figheri.

Notizie biologiche; Secondo G. O. Sars, è forse il più comune e più diffuso degli *Harpacticoida*; della Norvegia si trova in qualunque punto delle sue coste, e generalmente in gran numero, vicino alle spende, fra le alghe, e spessissimo nelle pozzanghere periodiche dovute alla marea, insieme ad altre forme litoranee.

In laguna morta 4 ♀.

32. IDYA ENSIFERA (Fischer).

Distr. geogr. Madeira (Fischer).
Coste norvegesi, Christiania Fjord, Finmarkia (G. O. Sars).
Laguna Veneta : Val Figheri.
Notizie biologiche : G. O. Sars la trovò frequente sulle coste norvegesi, nella parte interna del Fjord di Christiania, fra 6 e 20 braccia di profondità.
In laguna morta 22 esemplari (14 ♂, 8 ♀).

14. Fam. Thalestridae.

XX. Gen. MICROTHALESTRIS G. O. Sars, 1905.

33. MICROTHALESTRIS FORFICULA Claus.

Distr. geogr. : Messina, Coste di Bohuslän, Spitzbergen, Terra Francesco Giuseppe, Isole Britanniche, Isole polari a N. della Terra di Grinnel, Golfo di Guinea.
Coste Sud e Ovest di Norvegia (G. O. Sars).
Laguna Veneta : Malamocco, Val Figheri.
Notizie biologiche : Sulle coste norvegesi vive nella regione litoranea e nei Fjords, fra le alghe (G. O Sars).
In laguna 7 individui (6 ♂, 1 ♀).

XXI. Gen. DACTYLOPUSIA Norman, 1903.

34. DACTYLOPUSIA THISBOIDES Claus.

Distr. geogr. : Isole Britanniche, Costa di Francia, Isola Bear, Terra Francesco Giuseppe, Costa di Finmarkia, Mediterraneo, Mar Rosso.
Costa Ovest di Norvegia (G. O. Sars).
Laguna Veneta : Malamocco.
Notizie biologiche : Frequente, secondo G. O. Sars, sulla costa occidentale di Norvegia, nella zona litoranea (Aalesund,

22

Christiansund, parte esterna del Fjord di Trondhjem e coste di Finmarkia).
In laguna viva 2 esemplari (1 ♂ e 1 ♀).

XXII. Gen. WESTWOODIA Dana, 1855.

35. Westwoodia nobilis (Baird).

Distr. geogr.: Isole Britanniche, Heligoland, Costa di Francia, Costa di Bohuslän, Isole Lofoten.
Costa Sud e Ovest di Norvegia (G. O. Sars).
Laguna Veneta: Val Figheri.
Notizie biologiche: Secondo G. O. Sars, sulle coste di Norvegia vive nella zona litoranea e sublitoranea, fra le alghe. Talora si trova anche nelle pozzanghere periodiche dovute alla marea.
In laguna morta 18 esemplari ♀.

36. Westwoodia pygmaea (Scott).

Distr. geogr.: Coste Scozzesi.
Costa Sud e Ovest di Norvegia (G. O. Sars).
Laguna Veneta: Val Figheri.
Notizie biologiche: Sulle coste di Norvegia a piccola profondità, fra le alghe (G. O. Sars).
In laguna morta 3 esemplari ♀.

15. Fam. **Diosaccidae.**

XXIII. Gen. DIOSACCUS Boeck 1872.

37. Diosaccus tenuicornis, (Claus).

Distr. geogr.: Isole Britanniche, Costa di Bohuslän Messina.
Tutta la costa di Norvegia (G. O. Sars).
Adriatico: Trieste (Graeffe), Barbariga (Steuer).

Laguna Veneta : Val Figheri.

Notizie biologiche: Secondo le osservazioni di G. O. Sars, sulle coste norvegesi è questo uno dei più comuni *Harpacticoida* ; vive nella zona litoranea, fra le alghe, e non è raro nelle pozzanghere periodiche dovute alla marea.

Presso Trieste fu osservato dal Graeffe non pelagico, ma litoraneo, fra le alghe cresciute sui sassi.

In laguna morta 4 esemplari ♀.

XXIV. Gen. AMPHIASCUS G. O. Sars, 1905.

38. AMPHIASCUS CINCTUS (Claus).

Distr. geogr. : Nizza (Claus) ; Costa Ovest di Norvegia (G. O. Sars).

Laguna Veneta : Malamocco, Val Figheri.

Notizie biologiche : Non raro in alcuni punti delle coste norvegesi, a mediocre profondità, fra le alghe (G. O. Sars).

In laguna 4 esemplari (2 ♂, 2 ♀).

39. AMPHIASCUS DEBILIS (Giesbrecht).

Distr. geogr. : Baja di Kiel, Coste scozzesi.

Costa Ovest di Norvegia (G. O. Sars).

Laguna Veneta : Val Figheri.

Notizie biologiche : In vari punti della costa norvegese vive a mediocre profondità fra le alghe e' gli Idroidi (G. O. Sars).

In laguna morta 12 esemplari (10 ♂, 2 ♀).

40. AMPHIASCUS PALLIDUS G. O. Sars.

Distr. geogr. : Christiansund (G. O. Sars).

Laguna Veneta : Val Figheri.

Notizie biologiche : G. O Sars l' ha trovata a profondità di 50-60 braccia, su fondo sabbioso.

In laguna morta 8 esemplari (6 ♂ 2 ♀).

41. AMPHIASCUS PARVUS G. O. Sars.

Distr. geogr.: Costa Sud di Norvegia (G. O. Sars).
Laguna Veneta: Val Figheri.
Nota. G. O. Sars trovò nell'estate 1906 alcune poche ♀
presso Risor e Lillesand, e fondò la specie nuova. In laguna
morta ritrovai 11 esemplari, di cui 10 ♀ e 1 solo ♂ che
malauguratamente andò perduto.

42. AMPHIASCUS ABYSSI (Boeck).

Distr. geogr.: Costa Ovest di Norvegia (G. O. Sars).
Laguna Veneta: Val Figheri.
Notizie biologiche: Deve il suo nome alla profondità in
cui fu trovata: G. O. Sars la trovò a profondità variabile
da 40 a 100 braccia, su fondo fangoso.
In laguna morta 4 esemplari ♂.

43. AMPHIASCUS PHYLLOPUS G. O. Sars.

Distr. geogr.: Costa Sud di Norvegia (G. O. Sars) (Pochi
individui).
Laguna Veneta: Val Figheri (10 individui ♀).

44. AMPHIASCUS EXIGUUS G. O. Sars.

Distr. geogr.: Costa Sud di Norvegia (G. O. Sars) (1 sola ♀).
Laguna Veneta: Val Figheri.
Notizie biologiche: A circa 30 braccia di profondità, su
fondo sabbioso (G. O. Sars).
In laguna morta 3 esemplari (2 ♀ e 1 ♂); l'unico
maschio andò perduto.

45. AMPHIASCUS LINEARIS G. O. Sars.

Distr. geogr.: Costa Sud di Norvegia (G. O. Sars) (pochi
esemplari).
Laguna Veneta: Val Figheri (7 esemplari ♂).

46. AMPHIASCUS SINUATUS, G. O. Sars.

Distr. geogr.: Costa Sud di Norvegia (G. O. Sars).
Laguna Veneta: Val Figheri (11 esemplari: 8 ♂, 3 ♀).

47. AMPHIASCUS THALESTROIDES, G. O. Sars.

Distr. geogr.: Costa Sud di Norvegia (G. O. Sars).
Laguna Veneta: Val Figheri.
Notizie biologiche: 1 sola ♀, a mediocre profondità (G. O. Sars).
In laguna morta: 5 esemplari ♀; ♂ sconosciuto.

XXV. Gen. STENHELIA, Boeck, 1864.

48. STENHELIA NORMANI (Scott).

Distr. geogr: Coste scozzesi (Scott); Costa Sud di Nor vegia (G. O. Sars).
Laguna Veneta: Val Figheri.
Notizie biologiche: G. O. Sars l' ha trovata non rara sulla costa Sud di Norvegia, a mediocre profondità, fra le alghe.
In laguna morta 56 esemplari (28 ♂, 28 ♀).

16. Fam. **Canthocamptidae.**

XXVI. Gen. MESOCHRA Boeck, 1865.

49. MESOCHRA LILLJEBORGI Boeck.

Distr. geogr.: Coste di Svezia, Isole Britanniche, Baia di Kiel, Coste di Francia, Nuova Zemblja.
Costa Sud e Ovest di Norvegia (G. O. Sars).
Adriatico: acque dolci della costa dalmata (Car).
Laguna Veneta: Malamocco, Val Figheri.
Notizie biologiche: Anche G. O. Sars la ritiene una forma

strettamente litoranea. Si trova generalmente nelle acque chiuse di insenature poco profonde dove l'acqua è più o meno salmastra, ed anche nelle pozzanghere periodiche do vute alla marea. Si trova nelle acque dolci, ma sempre scarsa.

Dei 97 esemplari trovati in laguna, 2 soli furono trovati in laguna viva.

Proporzione dei sessi: 48 ♀, 49 ♂.

50. Mesochra pygmaea (Claus).

Distr. geogr.; Heligoland, coste scozzesi, Terra Francesco Giuseppe, Isole polari a Nord della Terra di Grinnel.

Coste norvegesi (G. O. Sars).

Laguna Veneta: Val Figheri.

Notizie biologiche: Strettamente affine alla · precedente · tuttavia G. O. Sars la ritiene esclusivamente marina, e la trovò sulle coste norvegesi non rara, a mediocre profondità, fra le alghe.

Proporzione dei sessi: In laguna morta 30 esemplari (25 ♀, 5 ♂).

XXVII. Gen. NITOCRA Boeck.

51. Nitocra spinipes Boeck.

Distr. geogr.: Coste scozzesi, costa Ovest di Norvegia.

Christiania Fjord (G. O. Sars).

Laguna Veneta: Val Figheri.

Notizie biologiche: Nel Fjord di Christiania fu trovata da G. O. Sars nella parte interna, vicino alla città, su spiaggia poco profonda.

In laguna morta 4 esemplari ♀.

XXVIII. Gen. AMEIRA Boeck, 1865.

52. Ameira longipes Boeck.

Distr. geogr.: Terra Francesco Giuseppe, Nuova Zemblja, Isole polari al Nord della terra di Elsemer, Costa di Finmarkia.

Costa Ovest di Norvegia (G. O. Sars).

Laguna Veneta: Val Figheri.

Notizie biologiche: Secondo G. O. Sars, vive a piccola profondità, fra le alghe.

In laguna morta 4 esemplari ♀.

53. AMEIRA TENUICORNIS Scott.

Distr. geogr.: Coste scozzesi (Scott).

Costa Sud e Ovest di Norvegia (G. O. Sars).

Laguna Veneta: Malamocco, Val Figheri.

In laguna 24 esemplari ♀.

54. AMEIRA TAU (Giesbrecht).

Distr. geogr.: Baja di Kiel (Giesbrecht).

Costa Sud e Ovest di Norvegia (G. O. Sars).

Laguna Veneta: Malamocco, Val Figheri.

Notizie biologiche: Strettamente litoranea secondo G. O. Sars, e limitata alle spiaggie poco profonde; qualche volta in bacini rocciosi, con acque più o meno salmastre.

Proporzione dei sessi: In laguna 68 esemplari (6 ♀, 62 ♂).

17. Fam. **Laophontidae.**

XXIX. Gen. LAOPHONTE Philippi, 1840.

55. LAOPHONTE DEPRESSA Scott.

Distr. geogr.: Coste scozzèsi (Scott).

Costa Ovest di Norvegia (Nordgaard, G. O. Sars).

Laguna Veneta: Val Figheri.

Notizie biologiche: G. O. Sars ha trovato a mediocre profondità un solo esemplare a Bukkcu. Pochi esemplari in Skjaerstad Fjord (immediatamente a Nord del circolo polare artico) furono trovati da Nordgaard.

In laguna morta 1 solo esemplare ♂.

56. LAOPHONTE ELONGATA Boeck.

Distr. geogr.: Terra Francesco Giuseppe (Scott).
Costa Sud e Ovest di Norvegia (G. O. Sars).
Laguna Veneta: Val Figheri.
Notizie biologiche: Sulle coste norvegesi trovata a medioere profondità, fra le alghe (G. O. Sars).
In laguna morta 2 esemplari ♀.

57. LAOPHONTE LONGICAUDATA, Boeck.

Distr. geogr.: Isole Britanniche (Brady).
Costa Ovest di Norvegia (G. O. Sars).
Laguna Veneta: Val Figheri.
Notizie biologiche: Come la precedente.
In laguna morta 2 esemplari ♀.

58. LAOPHONTE SIMILIS (Claus).

Distr. geogr.: Nizza, Isole Britanniche, Terra Francesco Giuseppe.
Costa Sud e Ovest di Norvegia (G. O. Sars).
Laguna Veneta: Val Figheri.
Notizie biologiche: Come la precedente.
In laguna morta 7 esemplari (4 ♀, 3 ♂).

59. LAOPHONTE STRÖMI (Baird).

Distr. geogr.: Isole Britanniche, Terra Francesco Giuseppe.
Costa Ovest di Norvegia (G. O. Sars).
Laguna Veneta: Val Figheri.
Notizie biologiche: G. O. Sars la dice piuttosto abbondante nella regione litoranea della costa Ovest di Norvegia, fra le alghe, talora nelle pozzanghere periodiche dovute a marea.
In laguna morta 3 esemplari ♀.

60. Laophonte brevirostris (Claus).

Distr. geogr.: Messina, Nizza, Mar Rosso, Isole Britanniche.

Costa Sud e Ovest di Norvegia (G. O. Sars).

Laguna Veneta: Malamocco, Val Figheri.

Notizie biologiche: Sulle coste norvegesi trovata da G. O. Sars a mediocre profondità fra le alghe.

In laguna 10 esemplari (8 ♂, 2 ♀).

61. Laophonte congenera G. O. Sars.

Distr. geogr.: Costa Sud-Ovest di Norvegia (G. O. Sars).

Laguna Veneta: Val Figheri.

Notizie biologiche: Pochi esemplari presso Kopervik e Skutesnaes, a profondità di 10-20 braccia, furono trovati da G. O. Sars.

In laguna morta 4 esemplari (2 ♂, 2 ♀).

62. Laphonte nana G. O. Sars.

Distr. geogr.: Christiania Fjord (G. O. Sars).

Laguna Veneta: Val Figheri.

Notizie biologiche: Il fondatore della specie la trovò nella rada poco profonda del Fjord di Christiania, su fondo fangoso, vicino alla città

In laguna morta 26 esemplari (11 ♂, 15 ♀).

18. Fam. **Cletodidae.**

XXX. Gen. ENHYDROSOMA Boeck, 1872.

63. Enhydrosoma curticaudatum Boeck.

Distr. geogr.: Coste scozzesi, Coste di Finmarkia.

Christiania Fjord, Skutesnaes (G. O. Sars).

Laguna Veneta: Val Figheri.

Notizie biologiche: Sulle coste norvegesi trovata da G. O. Sars a profondità di circa 6 braccia.

In laguna morta 8 esemplari ♀.

64. ENHYDROSOMA PROPINQUUM (Brady).

Distr. geogr.: Isole Britanniche (Brady).

Chistiania Fjord, Skutesnaes, costa Sud di Norvegia (G O. Sars).

Laguna Veneta: Val Figheri.

Notizie biologiche: Sulle coste norvegesi trovata da G. O. Sars a poche braccia di profondità.

In laguna morta 4 esemplari (3 ♂, 1 ♀).

65. ENHYDROSOMA LONGIFURCATUM G. O. Sars.

Distr. geogr.: Farsund (G. O. Sars).

Laguna Veneta: Val Figheri.

Notizie biologiche: Solo 1 ♂ e 1 ♀ trovati a Farsund da G. O. Sars, a circa 20 braccia di profondità, su fondo sabbioso.

In laguna morta 7 esemplari (4 ♀, 3 ♂).

19. Fam. **Tachidiidae.**

XXXI. Gen. TACHIDIUS Lilljeborg, 1853.

66. TACHIDIUS BREVICORNIS Lilljeborg.

Distr. geogr.: Baltico, Isole Britanniche, Costa di Francia, Finmarkia.

Costa Sud e Ovest di Norvegia (G. O. Sars).

Laguna Veneta: Val Figheri.

Notizie biologiche: Vive anche nelle acque dolci: G. O. Sars la trovò abbondantissima nei ruscelli poco profondi del Fjörd di Chistiania, e anche nelle acque salmastre.

In laguna morta 11 esemplari (10 ♂, 1 ♀).

Incertae saedis

XXXII. Gen. EUTERPE Claus. 1863.

67. EUTERPE GRACILIS, Claus.

Distr. geogr. : Heligoland (Claus).
Laguna Veneta : Malamocco (16 esemplari : 11 ♂, 5 ♀).

XXXIII. Gen. RUBEUS Grandori n.

68. RUBEUS VENETUS Grandori n. sp.

Distr. geogr. : Laguna Veneta : Val Figheri.
Descrizione. Capo saldato col 1.° segmento toràcico. Manca, come nella grandissima maggioranza degli *Harpacticoida*, una distinzione netta fra metasoma ed urosoma. Rostro saldato con lo scudo cefalico. Antenna anteriore di singolarissima struttura : nel ♂ prensile, di 7 articoli (il 5.° porta una traccia di divisione in due), nella ♀ non prensile, di 5 articoli, il primo dei quali grossissimo, e gli altri 4 esili e di aspetto normale. Due organi di senso (*Aesthetasken*) sull' antenna anteriore del ♂, uno solo su quella della ♀, tutti lunghissimi ; quelli del ♂ sono impiantati su speciali lobi biarticolati del 2.° e 3.° articolo, quello della ♀ su un lobo triarticolato del 2.°

Antenna posteriore larga e tozza, di 3 articoli, il terzo facente angolo retto coll' asse dei primi due e portante sei grosse e robuste spine, due delle quali leggermente piumate.

Le setole delle antenne anteriori e del rostro presentano un carattere che le differenzia da quelle di tutti i copepodi conosciuti, appajono cioè striate da numerosi tratti trasversi.

Mandibola e mascella mancanti. 1.° e 2.° maxillipede

molto ridotti, di 1 solo articolo, portante 2 setole, una delle quali spinosa e più corta. Dette setole sono impiantate su grosse papille.

1.º paio di zampe natatorie : Basipodite 2 articoli, 2.º articolo con un grossa spina, leggermente piumata, al margine esterno ed una simile al margine interno ; ectop. 3 articoli (1.º articolo ridotto) con spine marginali esterne e 3 lunghe setole distali al 3.º articolo ; endop. più corto dell' ectop., 2 articoli : 1.º senza spine nè setole, 2.º con due spine apicali.

2.º-4.º paio di zampe natatorie d'aspetto normale, ambo i rami 3 articoli con lunghissime setole piumate.

Zampe del 5.º paio del tutto rudimentali, di un solo articolo, impiantate su un largo disco chitinoso.

Rami forcali press' a poco tanto lunghi che larghi : ciascuno porta una setola lunghissima (quanto l' intero animale) e grossissima, ed una più corta (meno di $^1/_3$ dell' altra) piumata, oltre a due corte setole poste ai lati di quella lunghissima e ad una piccola setola esterna.

Tanto il ♂ che la ♀, maturi, hanno un color rosso vivo dovuto alla spessa corazza chitinosa.

Differenza sessuale secondaria (oltre alla descritta diversa struttura dell' antenna anteriore) è la seguente : Setola spinosa interna del 2.º articolo dell' endop. del 1.º paio di zampe natatorie della femmina molto più lunga di quella esterna, mentre nel maschio le 2 setole sono press' a poco d' ugual lunghezza.

Lunghezza della femmina adulta : mm. 0,5 — 0,6.

Non posso indicare per ora la famiglia a cui il nuovo genere andrebbe ascritto, necessitando per ciò molto materiale di confronto e diagnosi sicure e complete delle famiglie del gruppo *Achirota*, che non sono finora state fatte.

Esso richiederà probabilmente la fondazione di una nuova famiglia.

In laguna morta trovate alcune diecine di esemplari ; i due sessi in egual numero.

Accenno da ultimo ad un esemplare appartenente sicuramente al gen. *Oithona*, ma non corrispondente ad alcuna delle specie di detto genere finora descritte. Il carattere più saliente che la differenzia è la lunghezza dei rami forcali (circa 4 volte più lunghi che larghi).

Sulla base di un solo esemplare ♀ non mi è possibile stabilire ed illustrare la specie come nuova. Con più abbondante materiale ritornerò sull' argomento.

IV.

SULLA POSSIBILITÀ

DI DETERMINARE LE LARVE DEI COPEPODI.

Oltre ai copepodi adulti, il plancton lagunare conteneva una notevole quantità di forme larvali (Nauplius e Metanauplius) di copepodi, ed un numero limitatissimo di larve di crostacei superiori (4 metazoee di decapodo ed una zoea); queste ultime rarissime nel plancton della laguna morta, meno rare nella laguna viva. Le larve di cirripedi *(Balanus)*, benchè sempre scarse, lo sono meno al Casone Figheri, mentre possono dirsi rare al porto di Malamocco.

Tra le larve di copepodi, due metanauplius sono specialmente abbondanti; uno probabilmente appartiene ad *Oithona nana*, certo al genere *Oithona*, perchè l'aspetto dell'addome, dei rami forcali ed altri caratteri minori mi persuadono che rappresenta una larva di una forma del tipo *Cyclopoida*, il quale è rappresentato in laguna dal solo genere *Oithona*. Colpisce il fatto che, mentre in laguna morta quel metanauplins è così abbondante, gli adulti vi siano in confronto molto scarsi. Ma le ricerche planctoniche compiute in un solo periodo dell'anno non autorizzano a trarre da tale osservazione nessuna conclusione.

Tutti i sistematici hanno rinunciato a classificare le

forme di copepodi non adulti, ed infatti non è possibile ri·
correre per le larve alle preziose tavole dicotomiche. E d'altra
parte non siamo riusciti finora ad ottenere l'allevamento, nel·
l'acquario, delle forme larvali fino all'adulto, in modo da
poter determinare per ciascuna specie i caratteri propri ad
ogni stadio compreso fra due mute. Nè occorre rilevare di
quanta importanza sarebbe, per la biologia in genere ed in
particolare per la ecologia e per la faunistica, poter conoscere
anche le larve delle diverse specie.

Ora, depo uno studio accurato delle forme larvali dei
copepodi, mi sono convinto che anche prima della penultima,
e, più facilmente, prima dell'ultima muta, si possa distinguere
in parecchi casi e con certezza il *genere* al quale apparten·
gono gli adulti di quelle larve. Così per i generi *Paracalanus,
Acartia, Oithona, Centropages,* esiste tutto un complesso di
caratteri che, pur non potendo essere presi in considerazione
nelle chiavi dicotomiche, conferiscono all'individuo anche
immaturo una *facies* propria che difficilmente trae in inganno
sul suo destino definitivo.

Nelle più comuni specie di *Centropages (typicus, kroyeri),*
per citare un esempio — anche se ci si trova di fronte
ad individui immaturi purchè non troppo lontani dallo stadio
adulto, si riscontrano già abbozzati nettamente i caratteri
delle due spine posteriori del cefalotorace, della struttura
della forca e del quinto paio di zampe, che rendono riconoscibile ad un attento esame il genere a cui la forma appartiene.

Per parecchie altre specie di calanoidi (gen. *Clausocala·
nus, Temora, Paracalanus, Euchaeta*) si può ripetere la stessa
osservazione, notando che se ci affidassimo alla chiave dico·
tomica si sarebbe condotti subito fuori di strada. Infatti questa
chiave pone a carattere fondamentale, fin dalla prima e seconda dicotomia, il numero degli articoli di cui si compone
l'endopodite delle diverse zampe natatorie. Orbene tutti gli
studiosi di crostacei sanno che la segmentazione degli arti
nello stadio immediatamente precedente l'ultima muta non è
sempre uguale a quella dello stadio successivo; e io˜ stesso
riscontrai in qualche specie dei generi *Calanus* e *Centropages*
che l'endopodite del primo paio di arti natatori era composto

di due soli articoli nello stadio precedente l'ultima muta, mentre nello stadio adulto essi ne hanno tre. Tentando di determinare quelle forme, era fuorviato fin dalla seconda dicotomia della chiave, e giungevo a generi e specie lontanissimi dal vero. Successivamente, affidandomi alla somiglianza degli esemplari immaturi con le figure degli adulti di quei due generi, arrivavo alla determinazione esatta; e dell'esattezza avevo la riprova trovando alcuni individui di quelle stesse specie sul punto di abbandonare l'ultima spoglia, ma ancora in essa racchiusi, e che lasciavano scorgere per trasparenza l'endopodite del primo paio d'arti natatori diviso nei tre segmenti definitivi, mentre la spoglia che lo rivestiva mostrava ancora un endopodite di due soli articoli. Altret tanto riscontrai in parecchi individui di *Oithona nana* immaturi, il cui 5° segmento dell'urosoma lasciava vedere per trasparenza la segmentazione definitiva in 5° e 6° segmento.

Ciò dimostra, a mio avviso, che esistono certamente caratteri di rassomiglianza così evidente fra due stadi successivi di una stessa specie di copepode (almeno per quelli a vita libera e quelli semiparassiti), da poterne affrontare la determinazione anche nello stadio precedente quello maturo. E per conseguenza, seguendo a ritroso la serie degli stadi di sviluppo postembrionale, esisteranno verosimilmente analoghe somiglianze fra ciascuna coppia di stadi successivi. Quindi la possibilità di compilare delle serie di figure riproducenti ciascuno stadio di sviluppo di ogni singola specie, in maniera che sulla base di esse diventi determinabile qualunque forma a qualunque stadio si trovi. È impossibile che il primo stadio metanauplioide di una specie sia in tutto e per tutto identico a quello corrispondente di una specie, anche vicinissima, dello stesso genere; anzi, secondo me, esistono tanti *Nauplius* di primo stadio diversi quante sono le specie. E così per ciascuno degli stadi ulteriori. Stabilire i caratteri di ciascuno deve essere possibile per i copepodi, come deve esserlo per tutte le altre specie di metazoi.

V.

PROPORZIONE DEI SESSI
NEI COPEPODI DELLA FAUNA LAGUNARE

Gli autori hanno studiato pochissimo la proporzione quantitativa dei ♂ e delle ♀ per ciascuna specie. A me pare non
privo d'interesse mettere in rilievo il fatto che i ♂ sono
sempre più scarsi delle ♀, talvolta enormemente più scarsi;
sembra che facciano eccezione alcune specie di Harpacti-
coidi (V. tabella *B*) per le quali però possediamo ancora dati
molto scarsi, essendo esse assai rare.

VI.

SPIEGAZIONE DEL QUADRO GENERALE
(Tabella *D*)

Nella tabella *D* sono riportati i quantitativi di tutte le
specie di copepodi trovate in laguna.

Come ivi si legge, i quantitativi sono dati talvolta in cifra
talvolta in lettere che esprimono una cifra molto approssi-
mativa·

$m =$ migliaia (abbondantissimo).

$c =$ centinaia (frequente).

$s =$ qualche decina (scarso).

$r =$ rarissimo.

Questi simboli approssimativi furono adottati per le specie
che sono più riccamente distribuite in laguna, e per le quali
mi sembrò di scarso interesse la ricerca quantitativa precisa.
Si tratta infatti di specie in generale ben note e con larga
distribuzione geografica sul globo: cioè i *Gymnoplea* di Giesbrecht, e l'*Oithona nana*, unico fra i *Podoplea* abbondantissimo in laguna Veneta.

Ho invece reso minuziosa la ricerca quantitativa di tutti
gli altri *Podoplea*, trattandosi, oltrechè di illustrare i pochissimo conosciuti podoplei marini, di mettere in luce il fatto
dell'interessante presenza in laguna (specialmente nella morta)
di una fauna di Copepodi prevalentemente di tipo nordico,
come risulta dalle Tabelle *C* e *D*.

La tabella seguente segnala quali specie di Copepodi ap-rtengano esclusivamente alla fauna di laguna viva, quali quella morta e quali ad entrambe.

SPECIE	Laguna viva	Laguna morta	N. d'ordine	SPECIE	Laguna viva	Laguna morta
alanus parvus	+	+	35	Westwoodia nobilis		+
ocalanus elongatus	+		36	» pygmaea		+
alanus lagunaris	+	+	37	Diosaccus tenuicornis		+
pages typicus	+		38	Amphiascus cinctus	+	+
» aucklandicus	+		39	» debilis		+
» kröyeri	+	+	40	» pallidus		+
» chierchiae		+	41	» parvus		+
a stylifera	+		42	» abyssi		+
ia clausi	+	+	43	» phyllopus		+
a mediterranea	+		44	» exiguus		+
aeus obtusus	+		45	» linearis		+
cheres suberitis	+		46	» sinuatus		+
a nana	+	+	47	» thalestroides		+
robusta	+		48	Stenhelia Normani		+
similis	+		49	Mesochra Lilljeborgi	+	+
hebes	+	+	50	» pygmaea		+
brevicornis		+	51	Nitocra spinipes		+
aleus thompsoni		+	52	Ameira longipes		+
lla perplexa		+	53	» tenuicornis	+	+
pedia coronata		+	54	» tau	+	+
soma melaniceps	+	+	55	Laophonte depressa		+
Normani	+	+	56	» elongata		+
mixtum	+		57	» longicaudata		+
obradya acuta		+	58	» similis		+
setella norvegica	+		59	» Strömi		+
cticus chelifer		+	60	» brevirostris	+	+
uniremis		+	61	» congenera		+
gracilis	+	+	62	» nana		+
flexus		+	63	Enhydrosoma curticaudatum		+
egastes sphaericus		+	64	» propinquum		+
furcata		+	65	» longifurcatum		+
ensifera		+	66	Tachidius brevicornis		+
thalestris forficula	+	+	67	Euterpe gracilis	+	+
lopusia thisboides	+		68	Rubeus venetus		+
			69	Oithona sp. ?...		+

Proporzione dei sessi dei Copepodi lagunari

Numero d'ordine	SPECIĔ	♂	♀
1	Paracalanus parvus .	poche decine	migliaia
2	Pseudocalanus elongatus . .	—	1
3	Piezocalanus lagunaris . .	centinaia	—
4	Centropages typicus . .	2	1
5	» aucklandicus .	1	2
6	» kröyeri .	centinaia	centinaia
7	» chierchiae . . .	—	1
8	Temora stylifera	—	1
9	Acartia clausi . . .	poche decine	migliaia
10	Oncaea mediterranea .	1	—
11	Corycaeus obtusus . .	2	28
12	Asterocheres suberitis .	4	—
13	Oithona nana	migliaia	centinaia
14	» robusta	(sconosciuto)	15
15	» similis	—	poche decine
16	» hebes	(sconosciuto)	1
17	» brevicornis .	»	3
18	Thaumaleus thompsoni . . .	—	—
19	Canuella perplexa	—	18
20	Longipedia coronata . . .	—	6
21	Ectinosoma melaniceps .	8	50
22	» Normani . . .	—	6
23	» mixtum . . .	—	1
24	Pseudobradya acuta . . .	—	4
25	Microsetella norvegica . . .	—	1
26	Harpacticus chelifer .	2	6
27	» uniremis .	8	.—
28	› gracilis .	115	122
29	» flexus	—	3
30	Parategastes sphaericus .	4	10
31	Idya furcata	—	4
32	» ensifera	6	16
33	Microthalestris forficula .	6	1
34	Dactylopusia thisboides . .	1	

segue TABELLA *B.*

Numero d'ordine	SPECIE	♂	
35	Westwoodia nobilis . . .	—	18
36	» pygmaea . . .	—	3
37	Diosaccus tenuicornis . . .	—	4
38	Amphiascus cinctus .	2	2
39	» debilis		12
40	» pallidus	6	2
41	» parvus	1	10
42	» abyssi	4	—
43	» phyllopus . . .	—	10
44	» exiguus	3	
45	» linearis	7	
46	» sinuatus	10	1
47	» thalestroides		5
48	Stenhelia Normani .	28	28
49	Mesochra Lilljeborgi	47	50
50	» pygmaea .	5	25
51	Nitocra spinipes .		4
52	Ameira longipes .	—	4
53	» tenuicoruis .		24
54	» tau	62	6
55	Laophonte depressa		1
56	» elongata		2
57	» longicaudata . .		2
58	» similis .	3	4
59	» Strömi		3
60	» brevirostris	8	2
61	» congenera	2	2
62	» nana .	11	15
63	Enhydrosoma curticaudatum		8
64	» propinquum	4	
	» longifurcatum	3	4
	Tachidius brevicornis	11	
	Euterpe gracilis .	4	5
	Rubeus venetus .	poche decine	poche decin
	Oithona sp. ?		1

40

TABELLA *C.*

Elenco delle specie di Copepodi nuove per il Mediterraneo e ritenute proprie della fauna dei mari nordici, ora trovate nella Laguna veneta.

s. = scarso, *r.* = raro, *rr.* = rarissimo.

1. Canuella perplexa.	*s.*	20. Stenhelia Normani.
2. Longipedia coronata.	*r.*	21. Mesochra Lilljeborgi. *s.*
3. Ectinosoma melaniceps.	*s.*	22. » pygmaea. *s.*
4. » Normani.	*r.*	23. Nitocra spinipes. *rr.*
5. » mixtum.	*rr.*	24. Ameira longipes. *rr.*
6. Pseudobradya acuta.	*r.*	25. » tenuicornis. -
7. Harpacticus uniremis.	*r.*	26. » tau.
8. » flexus.	*rr.*	27. Laophonte depressa. *rr.*
9. Westwoodia nobilis.	*s.*	28. » elongata. *rr.*
10. » pygmaea.	*r.*	29. » longicaudata. *rr.*
11. Amphiascus debilis.	*r.*	30. » similis. .
12. » pallidus.	*r.*	31. » Strömi. *rr.*
13. » parvus.	*r.*	32. » congenera. *r*
14. » abyssi.	*rr.*	33. » nana. _
15. » phyllopus.	*r.*	34 Enhydrosoma curticaudatum. *r.*
16. » exiguus.	*rr.*	35. » proprinquum. *rr.*
17. » linearis.	*rr.*	36. » longifurcatum. *r.*
18. » sinuatus.	*r.*	37. Tachidius brevicornis. *s.*
19. » thalestroides.	*r*	38. Euterpe gracilis.

TABELLA *D.* — **Dati quantitativi delle specie di Copepodi lagunari.**

	SPECIE	LAGUNA VIVA (Porto di Malamocco)				N° d'ordine	LAGUNA MORTA (Casone dei Figheri)			
		7 giugno 1907	10 giugno 1907	21-22 giugno 1907	5-6 luglio 1907		7 giugno 1907	10 giugno 1907	21-22 giugno 1907	5-6 luglio 1907
		Ore 9 10 11 13 14 15 16	9 11 13 14 15 16	18 21 24 6 9 12 14 ³/₄	17¹/₂ 20 23 5 8 8¹/₄ 11 14		9 10 11 12 13 14 15 16	9 10 11 13 14 15 16	18 21 24 6 9 12	17¹/₂ 20 23 5 8 11 14
1	Paracalanus parvus . . .	s c c c s s s	s r r r r 2	c c c c s s	s c r c c c c	1	— — — r — 2	— — 1 —	— — c 4 10 2	— 10 r — 1 —
2	Pseudocalanus elongatus .	— — — 1 — —				2				
3	Piezocalanus lagunaris .	r — r r r — c	— — r — r —	23 2 2 c r r r	c s r s r r r 5	3			— — 16 — 4 —	
4	Centropages typicus . .	2 — —			— 1 — — — —	4				
5	» aucklandicus	— 1 — —		— — — — — 2 —	— 1 — — — — —	5				
6	» kroyeri . .	2 1 — 3 1 — 4	— — — r r —	— 2 2 c r 12 8	c c — c 3 — 4	6			— 2 —	— — 1 —
7	» chierchiae .					7	— — 1 — — —			
8	Temora stylifera . . .		— — 1 — —			8				
9	Acartia clausi	c c c c c c c	c r r s s s	32 r s c s r c	c c s s s c s s	9	s r r r 1 r r r	s — s r r r	— 10 c 12 22 20	— s — — —
10	Oncaea mediterranea . .		1 — — — —			10				
11	Corycaeus obtusus . .	— — — 1 — —		24 — 2 2 — — —	— — 1 —	11				
12	Asterocheres suboritis .	— — — 1 1 — —	— — — 1 — 1			12				
13	Oithona nana	c c c c c c c	c c c c c c	r c s c c s c	c c c s r c c r	13	s r r r r 14 16 r	2 — — — 2 — 2	24 31 c c c s	— 16 24 8 2 22 —
14	» robusta . . .	— 1 — 2 — 1 —	— 3 1 — — 7			14				
15	» similis . . .	1 — — — — — —	— — 2 1 — 1	— — 1 — — — —	r — — —	15				
16	» hebes . . .				— — — 1 — —	16	1 1 — — — —			— — 1 — —
17	» brevicornis .					17	— 1 — — — —			
18	Thaumaleus thompsoni .					18		— — — 1 —		
19	Canuella perplexa . .					19			8 8 — 2 — —	
20	Longipedia coronata . .					20			— 6 2 —	
21	Ectinosoma melaniceps .	— — 1 — — — —		— — — 2 — —		21	4 — — 4 — 4 —	2 — 2 —	— 4 4 8 2	8 — 3 10 — — 2
22	» Normani .					22			— — 2 —	— — — 2 —
23	» mixtum .	— — 1 — — — —				23				
24	Pseudobradya acuta . .					24				4 — — — — —
25	Microsetella norvegica .		— — — — 1 —			25				
26	Harpacticus chelifer . .					26		— — — 2 —		— — 6 —
27	» uniremis .					27			8 — — —	
28	» gracilis . .	— — — — — 1 2	— — — 1 6	— — 4 — — 6		28	16 1 8 8 13 — 5 1	— 4 — — — 6	— — 4 24 20 —	— 8 8 52 28 12 —
29	» flexus . . .					29	— — — — — 1 —	2 — — 1	— — 1 —	4 5 — —
30	Paramesgastes sphaericus .					30	— — 1 — — —		— — 4 —	
31	Idya furcata					31			— — — 1 —	
32	» ensifera . . .					32	4 — — — — —	— 2 — —	— 16 — —	
33	Microthalestris forficula .			— — — 1 — —		33	— — — 4 1 —	.	— — — 1	
34	Dactylopusia thisboides .				— — 1 1 — —	34				
35	Westwoodia nobilis . .					35				8 — 7 3 — — —
36	» pygmaea . .					36				— — 3 — —
37	Diosaccus tenuicornis . .					37	— — — — — 4 —			
38	Amphiascus cinctus . . .			— — — 2 — —		38	— — — — 2 —		— — 2 — —	6 — 4 — — —
39	» debilis . .					39			— — — 4 —	— 4 — 2 —
40	» pallidus . .					40			— — — — 2	— 4 2 —
41	» parvus . .					41			— — 1 —	7 — 3 — —
42	» abyssi . .					42	4 — — — — —	— — 1 — — —	— 3 — —	
43	» phyllopus .					43	4 — — — — —		— — 2 —	— — 3 — —
44	» exiguus . .					44				— — 3 — —
45	» linearis . .					45			— — 2 1 —	— 4 — —
46	» sinuatus . .					46				— 8 3 — —
47						47				5 — — — —

PROF. DAV. CARAZZI

I.

SCELTA DELLA LOCALITÀ
PER LE PESCATE PLANCTONICHE LAGUNARI.

Uno studio sul plancton del Lago Fusaro, da me pubblicato nel 1900 (¹), m' aveva persuaso che un bacino salso
separato dal mare (Lago o Laguna), per quanto abbia con
questo facili comunicazioni, possiede una facies biologica
propria, diversa da quella del limitrofo mare. E quindi nelle
ricerche planctoniche della Laguna veneta volli fare delle
pescate in due località; una in immediata vicinanza col
mare, l'altra nella laguna interna, e quanto più possibile
distante dalla prima e prossima alla terraferma. E siccome
sulle coste dell'Adriatico, a differenza di quelle del Tirreno,
la marea è molto sensibile, e per conseguenza anche nella
laguna vi è una corrente ascendente ed una discendente,
così volli fare le osservazioni contemporaneamente nelle due
stazioni. Stabilii le pescate ad intervalli di tre ore e della
durata di 15 minuti ciascuna, proponendomi di conoscere in
tal modo se e in quale grado e per quali specie planctoniche
avveniva un trasporto attribuibile alla corrente di marea.
Per conseguenza preferii scegliere le due stazioni in vici
nanza di mareografi registratori, e controllare così esattamente
l'andamento della marea. Temevo di non potermi fidare

(¹) CARAZZI, D. - Ricerche sul Plancton del Lago Fusaro. In *Boll.
Notizie Agrarie* n. 30. Roma, 1900.

delle osservazioni fatte ad occhio, tuttavia ho constatato che le notazioni sul protocollo di pesca di « acqua entra » e « acqua esce » corrispondono coi dati mareografici di acqua alta ed acqua bassa. Ciò parrà ovvio a chi non conosce la laguna, in realtà bisognava tener conto del pericolo di esser tratti in inganno da correnti secondarie che in una rete così complessa di canali possono turbare l'andamento reale del fenomeno di marea.

Le due località scelte, come ricordai nella prefazione, e come si scorge nella cartina annessa, furono: Faro Rocchetta, al porto di Malamocco, dove esiste un mareografo registratore, e nel canale che dal Casone di Val Figheri si porta verso terraferma, località anche questa provvista di mareografo. In questo canale sbocca (a tre chilometri di distanza dal Casone di Val Figheri) un piccolo scolo d'acqua dolce proveniente da terraferma. Le pescate venivano fatte con due reti di garza n. 18, trascinate vicino alla superficie, e con brevi percorsi di su e giù in prossimità dei mareografi. Le osservazioni furono compiute nei giorni 7, 10, 21-22 giugno, 5-6 luglio 1907 ; il numero totale delle pescate fu di 28 per ogni stazione, sempre con tempo sereno e vento leggero. La profondità dell'acqua al Faro Rocchetta è di 10-11 metri; di 1-2 metri nel canale del Casone di Val Figheri.

II.

OSSERVAZIONI FISICHE

SULLE ACQUE DELLA LAGUNA.

Riporto qui in una piccola tabella alcune osservazioni sulla densità e sulla temperatura dell'acqua della Laguna, nei due punti dove si facevano le pescate. Per quanto si tratti di dati che non pretendono ad una grande precisione, specialmente per quelli di densità, non credo inutile farli conoscere, perchè gli errori di lettura sono su per giù eguali, e quindi le cifre hanno sempre un certo valore per comparare le condizioni fisiche delle acque di Faro Rocchetta, con quelle di Val Figheri.

Se dalla densità vogliamo (con le tavole di Knudsen) dedurre la salsedine dirò come esempio che con la temperatura di 23⁰ C. e la D di 1.023 (corrispondente a D = 1.0227 a 0⁰ C.) si ha una salsedine di 33.6 circa ⁰⁰/₀₀. La temperatura di 27.05 e la densità 1.020 (= 1.025 a 0⁰ C.) corrisponderebbero ad una salsedine di 31 ⁰⁰/₀₀, poco più. Sia la prima cifra (33.6), che corrisponderebbe alla salsedine dell'acqua di Faro Rocchetta alle ore 18 del 21 giugno, *marea che entra*, che la seconda (31) acqua di Val Figheri, anche questa a *marea alta*, possono rappresentare a sufficenza la salsedine media estiva delle due zone acquee prese in osservazione. E se noi confrontiamo quei dati con quelli riportati dal De Marchi nella recente Memoria [1] vediamo che la salsedine di Faro Rocchetta, quale risulterebbe indirettamente dalle mie cifre sulla densità, poco diversifica dalla salsedine dell'acqua presa alla superficie all'estremo opposto del Porto-canale di Malamocco, fuori della diga. Infatti la tab. XIII (p. 63) del De Marchi dà per il 29 maggio 1910 le seguenti cifre, per le prime 5 stazioni della trasversale Porto Mala-mocco-Rovigno: 29.83, 32.12, 32.90, 33.28, 33.21. È noto che la salsedine dell'Adriatico, anche nel nord è generalmente superiore ai 35 e raggiunge non di rado 38 ⁰⁰/₀₀. È quindi da ritenere che una salsedine inferiore ai 35 indichi l'intervento delle acque dei fiumi, sia diretto, sia indiretto, cioè per effetto di una corrente litoranea. E difatti a profondità più rilevanti abbiamo, di solito, una maggiore salsedine. Ora è da considerare che il Porto di Malamocco, sebbene non abbia fiumi vicinissimi, trovasi nel tratto di spiaggia compreso fra i grandi fiumi a sud di Chioggia (Brenta Adige, Po) e quelli dell'estremo nord dell'Adriatico (Sile, Piave, Tagliamento, Aussa, Isonzo, Timavo).

Quanto alla differenza fra la salsedine delle acque di Faro Rocchetta e quelle di Val Figheri, la tabella qui sotto

[1] R. Comitato Talassografico italiano. Risultati fisico-chimici delle prime cinque crociere Adriatiche, Venezia 1911.

riportata ci dimostra che non è grande e che le variazioni non sono molto sensibili. Certo i dati sulla densità sono troppo scarsi ed hanno l'inconveniente di esser limitati ad un solo mese e nella buona stagione, quando le pioggie sono rare e l'evaporazione abbondante. Occorreranno altre e più numerose serie di dati, raccolti nelle differenti stagioni dell'anno, per poterne ricavare deduzioni sicure e generali.

TABELLA DELLA DENSITÀ E DELLA TEMPERATURA

FARO ROCCHETTA

21-22 giugno 1907

Marea	Ora	Temper.	Densità
a	18.10	23.	1.023
z	21.	22.7	1.0235
z	24.	23.2	1.0225
a	6.	24.	1.0235
z	9.	25.2	1.0235
z	12.	25.2	1.0215
	14.45	25.7	1.022

5-6 luglio

Marea	Ora	Temper.	Densità
a	17.15	23.	1.0235
z	20.	22.5	1.0245
z	23.	21.5	1.0232
a	5.	22.3	1.0225
a	8.	22.3	1.0224
z	11.	23.	1.0230
z	14.	23.5	1.025

CASONE DI VAL FIGHERI

21-22 giugno 1907

Marea	Ora	Temper.	Densità
a	18.	27.5	1.020
a	21.	25.1	1.021
z	24.	25.	1.020
z	6.	23.5	1.022
a	9.	24.5	1.022
z	12.	26.	1.022
z	15.	27.	1.022

5-6 luglio

Marea	Ora	Temper.	Densità
a	17.15	23.	1.025
a	20.	22.7	1.023
z	23.	22.5	1.026
a	5.	21.6	1.024
a	8.	22.4	1.022
z	11.	23.5	1.0225
z	14.	25.	1.024

a = marea alta.

z = marea bassa.

TABELLA *E*. — **Delle maree.**   ANNO 1907

Giorno	FARO ROCCHETTA				CASONE FIGHERI			
	Ore		Quote		Ore		Quote	
	Alta	Bassa	Alta	Bassa	Alta	Bassa	Alta	Bassa
Giugno 7		2.15		74.0		5.0		85.0
	8.40		139.0		11.0		119.0	
		14.0		99.0		16.30		93.0
	20.15		155.0		23.0		126.0	
9	21.10		161.5					
10		3.50		65.2	0.2		134.0	
	10.27		137.0			6.48		81.0
		15.13		105.0	13.0		119.0	
	21.15		162.0			17.55		98.8
21		1.03		95.0		3.45		90.0
	7.05		123.0	9.15		111.5	
		11.40		98.5		14.30		89.5
	18.25		164.5	21.45		136.5	
22		1.57		85.0		4.55		85.5
	8.0		124.0	10.25		111.5	
Luglio 5		1.34		57.0		3.15		65.0
	7.29		101.0	9.30		101.0	
		11.50		93.0		13.18		90.0
	18.38		134.0	20.18		125.0	
6		1.38		58.0		3.12		62.0
	8.27		113.0	10.24			110.0

III.

IL FITOPLANCTON

Nella tabella qui unita ([1]) ho dato un elenco di 48 specie di Bacillariacee e di 16 specie di Peridinee, e non v'è dub-

---

([1]) Per le spiegazione delle lettere vodi a p. 36.

bio che il numero delle prime, se tutto il materiale fosse stato esaminato da uno specialista (ho già ricordato nella prefazione che il Dott. Forti ebbe la cortesia di fare un esame di alcuni saggi), sarebbe di parecchio più grande. Le specie indicate con la croce sono state viste e ricordate dal D.ᵣ Forti, ma non riconosciute da me ; di queste quindi non posso dare la quantità.

Ma se la mia incompetenza mi obbliga a presentare per le diatomee una tabella certo incompleta, ciò ha poca importanza dal punto di vista che mi propongo di lumeggiare con le mie ricerche. Quel che a me interessa è di provare che anche per il fitoplancton, come per i copepodi, la laguna morta presente notevoli differenze da quella viva. Solo po che specie delle 48 dell'elenco sono comuni alle due zone, *Biddulphia pulchella*, p. es., *Navicula Smitii*, *Pleurosigma decorum, var. dalmatica, P. formosum*. E se alcune, proprie di un bacino si riscontrano talora nell'altro ciò accade solo in via eccezionale ; parecchie poi si trovano esclusivamente in una laguna e mancano del tutto nell'altra. Così parecchie specie dei generi : *Ceratulina, Chaetoceras, Rhizosolenia*, sono proprie del plancton di Malamocco ; viceversa *Melosira Borreri*, abbondantissima a Val Figheri, non si trova che accidentalmente in laguna viva. Come son proprie della laguna morta *Nitschia sigma, Amphora jalina*, qualche specie del genere *Pleurosigma* e poche altre. Tornerò, più avanti sul valore da assegnare a queste differenze.

Più ancora che per le diatomee la cosa è evidente per i peridinei. Dei quali vediamo che di 17 specie solo una (*Ceratium furca* var. 2) è comune ai due bacini ; le altre 15 sono esclusive del porto di Malamocco, e a Val Figheri non sono rappresentate del tutto (7 specie) o lo sono in così così esigua quantità (9 specie) da ritenere che si tratta di comparse ac cidentali. Nè la differenza può essere spiegata con l'invocare una diminuzione (piccola del resto, come vedemmo) della salsedine in laguna morta, perchè le specie elencate appar tengono a generi rappresentati anche nelle acque dolci e salmastre.

Chi poi facesse un confronto fra·questa tabella e quelle

SPECIE	LAGUNA VIVA (Porto di Malamocco)																							Numero d'ordine	LAGUNA MORTA (Casone dei Figheri)																					
	7 giugno 1907							10 giugno 1907						21-22 giugno 1907							5-6 luglio 1907						7 giugno 1907							10 giugno 1907						21-22 giugno 1907					5-6 luglio 19			
Ore	9	10	11	13	14	15	16	9	11	13	14	15	16	18	21	24	6	9	12	14¾	17½	20	23	5		9	10	11	12	13	14	15	16	9	10	11	13	14	15	16	18	21	24	6	9	12	17¼	20	23	5	8
	a	z	z	z	z	z	a	a	a	z	z	z	z	a	z	z	a	z	z	—	a	z	z	a		a	a	a	z	z	z	z	z	a	a	—	—	z	z	z	a	c	z	z	z	z	a	z	z	a	r
1 Amphiprora paludosa W. Sm. . .														+	—	—	—	—	—						1									—	—	—	—	—	—	—												
2 » pulchra Bail . .																									2									+	+	—	—	—	—	—												
3 Amphora jalina Kuetz . .																.									3	—	1	—	—	1	—	—		r	s	—	r	—	r													
4 Ardissonia baculus (Greg) Grun . .								—	—	—	+	—													4									—	+	—	—	—	—	—												
5 Bacillaria paradoxa Gmelin . .																			.						5									—	+	—	—	—	—	—												
6 Bacteriastrum varians Land . .	r	r	—	—	—	—	—	r	r	r	—	—		—	—	—	4	—	2	1	r	s	—	r	6									—	+	—	—	—	—	—												
7 Biddulphia pulchella Gray . .	s	s	r	s	s	s	s	s	—	s	s	s	s	—	r	1	3	r	—	1	r	r	r	s	7	r	r	r	r	r	r	r	r	r	—	c	—	r	r	21	54	—		10			—	—	23	—	2	2
8 Campylodiscus Thuretii Breb . .																									8									+	+	—	—	—	—	—												
9 » Echeneis Ehr . .																									9									+	—	—	—	—	—	—												
10 Cerataulina Bergonii H. Péreg . .	s	s	s	c	s	s	—							m	c	—	r	r	c	—	r	—	s	s	10									—	+	—	—	—	—	—												
» var. elongata Schr . .														—	—	—	+	—	—		—	c	s	s																											
11 Chaetoceras contortum Schnett . .														—	—	—	+	—	—						11																											
12 » curvisetum Cleve . .														—	—	—	+	—	—						12																											
13 » debile Cleve . .														m	—	—	—	—	—						13																											
14 » decipiens Cleve . .	s	s	r	s	s	s	s	c	c	s	c	s	s	m	c	s	c	m	r	r	r	r	r	c	14	s	r	r						+	+	—	—	—	—	m	—	—	—								
15 » diversum Cleve . .	c	c	c	s	r	r	s	c	c	c	c	c	c	m	c	r	s	s	r	r	m	c	s	s	15	c	c	s	r					+	+	—	—	—	—	—												
16 » laciniosum Schnett . .														+	—	—	+	—	—						16																											
17 » Lorenzianum Grun . .														m	+	—	m	c	—						17									+	+	—	—	—	—	—												
18 » peruvianum Br fa . .	c	c	c	c	r	r	s	s	c	c	c	r	c	c	c	r	r	s	s		m	s	r	s	18	r	c	s	r					—	+	—	—	—	—	+												
» gracilis Schr . .																																																				
19 » var. currens Cl. . .	s	r	r	r	r	r	s	r	r	r	r	r	r	s	r	—	—	s	r		s	—	s	s	19																											
20 Cocconeis scutellum Ehr . .								—	+	—	1	r	r	—	—	r	r	—	—		—	r			20																+	+	—	—	+	—							
21 Dactyliosolen mediterraneus H. Pér . .														—	—	—	+	—	—						21																											
22 Guinardia flaccida (Castrac.) H. Pér . .								—	—	—	+	—		+	—	—	+	—	—						22																											
23 Hemiaulus Hauckii Grun. . .														—	—	—	—	r	r		—	s	r	—	23																											
24 Licmophora flabellata Ag. . .														r	c	—	7	—	—						24									r	r	—	—	—	—	—	1	—	—	s	s	r							
25 Melosira Borreri Greville . .	1	—	—	—	—	—	—	1	1	—	—	—	—	—	1	1	—	—	—						25	c	c	c	c	c	c	c	c	m	m	m	m	m	m	m	r	r	—	s	r	—	m	m	m	m	c	—
26 Navicula amphigomphus Ehr. . .																									26																											
27 » lyra Ehr., var intermedia H. Pér. . .																									27																											
28 » Smithii Breb. . .	r	r	r	—	r	—	—							—	—	—	—	4	—		r	r	r	—	28	r	r	—	—	—	r			r	r	r	r	—	r	—	—	5	—	2	—		—	—	—	—	—	2
29 Nitzschia sigma W. Sm. . .														—	r	2	—	—	1						29	r	—	—	—	—	—	—	r	r	s	r	r	a	s	c	8	4	—	12	17	—	—	s	—	2	5	s
30 Nitzschiella longiss. Rab. v. parva Gr. . .																									30																											
31 » closterium (Ehr.) W. Sm. . .																									31																											
32 Orthoneis splendida Grun. . .														—	+	—	—	—	—						32																											
33 Pleurosigma angulatum W. Sm. . .								—	—	+	—	—		—	—	—	+	—	—						33									+	+	—	—	—	—	—												
34 » decorum W. Sm v dalmatica Grun . .	—	—	r	r	—	r	r	r	—	—	—	—	—	r	3	4	—	r	—		r	r	—	—	34	r	r	r	r	r	r	r	r	c	c	c	s	c	s	s	—	—	10	4			—	8	—	5	4	9
35 » diminutum Grun. . .														+	—	—	—	—	—						35																											
36 » fasciola W. Sm . .																									36									+	+	—	—	—	—	—												
37 » formosum W. Sm. . .	—	—	r	r	—	r	r	r	—	—	—		—	r	3	4	—	r	r		r	—	r	r	37	s	r	r	r	r	c	r	r	s	c	s	a	r	r	r	c	—	c	14	—		—	c	—	c	28	17
38 » Lorenzii Grun. . .														1	—	2	—	—	—		r	—	—	1	38	r	r	r	—	—	—	r	r	c	r	r	c	r	r	r	23	87	—	15	8	—	—	16	—	5	4	4
39 » speciosum W. Sm. . .																									39																											
40 Rhabdonema adriaticum Kuetz. . .								—	—	—	+	—		—	—	—	+	—	—						40	—	c	s	s	c	s	c	c	m	c	c	r	s	s	s	r	—	r	s	r	r		c	r	—	r	—
41 Rhizosolenia alata Brightw. . .																									41																											
42 » fa. gracillima Grun. . .								—	—	—	+	—													42																											
43 » calcar-avis Schultze . .	c	c	s	a	s	s	c	c	c	c	c	c		s	r	r	c	c	r	r		r	r	r	43	r	r	r	r	r	r	r		+	+	—	—	—	—	—												
44 » shrubsolei Cleve . .														+	+	—	—	—	—						44																											
45 Surirella fastuosa Ehr . .																									45																											
46 » gemma Ehr. . .														—	—	—	1	—	—				r	—	46									+	—	+	s	—	r	—	3	1	—	1	3	—		7				1
47 » striatula Turp. . .																									47									+	—	1	—	—	—	—												
48 Striatella unipunctata Ag. . .														—	—	—	+	—	—															+	s	—	r	—	+												
49 C	c	s	—				s	r	r					+	s	+	—	r	—							c	c	s	—				s	r	r	+	s	+	—	r	—	r	e	s	s	—	—		r	—	—	

del recentissimo lavoro dello Schröder (¹) resterebbe colpito dal fatto che il rapporto fra il numero delle specie di Diatomee e quello delle Peridinee è esattamente inverso. Nelle tabelle dello Schröder quest'ultime superano di gran lunga le Bacillariacee, mentre nella mia tabella i Dinoflagellati stanno alle diatomee come 1 a 3. Non esito ad affermare che questo risultato è conseguenza del modo d'intendere le specie proprio al noto fitologo di Breslau. Malgrado la grandissima, e da tanti osservatori rilevata, variabilità degli individui dei più comuni generi di peridinei, del genere *Ceratium* in particolare, lo Schröder continua nel metodo, già da altri deplorato (²), di creare nuove specie basandosi su caratteri puramente individuali, quali possono riscontrarsi sopra individui della medesima catena.

IV.

LA COMPARSA DELLA SOSTANZA GELATINOSA
OSSIA IL COSÌ DETTO «MARE SPORCO»

L'esame del fitoplancton m'induce a ricordare un fenomeno che aveva attirato la mia attenzione fin da quando raccoglievo il plancton nel Golfo di Napoli e in quello di Gaeta: fenomeno che nell'Adriatico si presenta non di rado con tale imponenza da richiamare l'attenzione anche del volgo. Il «mare sporco» dei pescatori chioggiotti è caratterizzato da una quantità talora straordinariamente grande di muco jalino che per lunghi tratti forma alla superficie dell'acqua degli strati di qualche metro di spessore.

Non vale la pena di occuparsi delle vecchie e spesso strampalate ipotesi escogitate per spiegare la causa del fe

(¹) SCHRÖDER A. - Adriatisches Phytoplankton, *Sitzungsb. Akad. Wien, Mathem.-natur.* Bd. CXX, Abt. 1.ª 1911, p. 601.
(²) OKAMURA K. - Plankton of the Japanese Coast. *Annotationes Zoologicae Japonenses* v. VI, p. II. 1907, p. 144.

nomeno: le sole serie, e sostenute da tutti i più distinti plan-ctologi e fitologi, sono due : 1. il muco non è altro che la sostanza gelatinosa delle Peridinee ; 2. il muco è prodotto dalle diatomee. Qualche altro concilia le due ipotesi e acco-muna i peridinei alle diatomee, attribuendo a queste e a quelli il fenomeno del *mare sporco*.

Nel suo recente e ormai notissimo volume lo Steuer (¹) ritiene vera la prima ipotesi, ed attribuisce precisamente alle specie del genere *Gonyaulax* la proprietà di produrre il muco ; ed a sostegno porta i seguenti tre argomenti (p. 671):

1. Nella prima fase del fenomeno come durante l'ul teriore sviluppo, nella sostanza gelatinosa si trovano eselu-sivamente peridinei ;

2. I fiocchi di muco nell'oscurità diventano fosfore scenti a intervalli, « explosionartig », ed il plancton formato da peridinei, riluce appunto interrottamente;

3. Altri autori hanno constatato che i peridinei, in particolare le specie del genere *Gonyaulax*, causano simili se non eguali, malattie del mare all'infuori dell'Adriatico.

Di questi tre punti mi pare inutile occuparmi del se-condo, poichè questa della fosforescenza, mentre è una que-stione tutt'altro che semplice, ha un'importanza del tutto secondaria per lo studio del fenomeno del quale tratto.

Quanto al primo basterebbe da solo a tagliare la testa al toro, ed anzi parrà curioso al lettore che dopo un argo mento così decisivo lo Steuer senta il bisogno di addurne altri. Ma tutti gli osservatori, lo Steuer compreso !, sono in-vece, nel modo più categorico, concordi nel riconoscere che la sostanza gelatinosa del « mare sporco » comprende non solo *Gonyaulax* e molte altre specie di peridinei, ma pur anche numerose specie di diatomee.

Io non ho potuto prendere visione dell'articolo pubbli-cato nel 1903 dallo Steuer, nel giornale di Trieste il « Pic-colo », e neppure di quello comparso nella « Fischerzeitung », ma il Forti, sempre accuratissimo nelle citazioni bibliogra-fiche, riferendosi a quelle due pubblicazioni dello Steuer

(¹) STEUER A. - Planktonkunde, Lipsia, 1910. Vedi anche, dello stesso: Leitfaden der Planktonkunde, Lipsia 1911.

(nelle quali l'autore accenna per la prima volta al fenomeno
e a quella che, secondo il suo modo di vedere, ne sarebbe
la causa) ha cura di scrivere : « Avverte [lo Steuer] peraltro
che in questo muco [del « mare sporco »] rinvenivansi sempre
impigliati o aderenti organismi di natura svariatissima (¹) ».
Ora se argomentiamo diversamente dallo Steuer, scrivendo
che nel muco, prodotto da altri organismi, i peridinei si tro-
vavano « impigliati o aderenti », la sua ipotesi cade. Ma di
questo più avanti ; constatiamo, intanto, che, secondo lo
stesso Steuer (della esattezza della citazione del Forti non
ho il più piccolo dubbio), nella sostanza gelatinosa del « mare
sporco » si rinvengono organismi di natura svariatissima.

Il Cori, che due anni dopo lo Steuer « bestätigt » la sua
ipotesi, così si esprime : « enthielt der Schleim aussen den
« Sporen der Peridineen schon in grösseren Menge epiphy-
« tische Diatomeen..... wie *Chaetoceras, Coscinodiscus, Cocco-*
« *lithophoriden* und andere (²) ». Dunque, oltre alle peridinee,
il muco contiene *grandi quantità* di diatomee, di *Chaetoceras*
prima di tutte. Poco più avanti il Cori nello stesso articolo
accenna ad una seconda specie di muco, che forma dei
fiocchi allungati, rinvenuti sospesi a 5-6 metri dalla superficie, e per i quali un « mikroskopische Befund ergab als
« Inhaltkörper des Schleimes oft vollständige Reinkulturen
« von Diatomeen (³) ». Dunque qui di peridinei non v' è
neppur traccia, perchè il muco è una *coltura pura* di diatomee !

Il Forti, in un esteso studio, pubblicato poco dopo l'articolo del Cori, riferisce i risultati dell' esame da lui com-
piuto sopra saggi raccolti nell'Adriatico nel 1891 e nel 1901
e nell' elenco di tutti gli organismi da lui ricordati si trovano sei specie di peridinei e quaranta di diatomee. Di più
il Forti ha cura di aggiungere che cinque delle sei specie

(¹) Forti A. - Alcune osservazioni sul « Mare Sporco » ed in particolare sul fenomeno avvenuto nel 1905. Nuovo Giornale botanico ital.
(N. S.). v. XIII, fasc. IV, 1906, p. 357·

(²) Cori C. J. - Ueber die Meeresverschleimung im Triester Golfe
waehrend des Sommers 1905. Oester. Fischerei-Zeitung, N. 1. 1905.

(³) *op. cit.* p. 3.

di peridinei si trovano rare e accidentali, e la sesta *(Proro-centrum micans)* non sarà certo ritenuta capace di aver prodotto la sostanza gelatinosa. Fra le sei specie *Gonyaulax* non è neppure menzionato!

Siamo dunque lontani dalla sicura affermazione dello Steuer che « gerade in der ersten Phase dei Verschleimung, « also bei der Entstehung des ganzen Phänomenes, so fort « und ausschliesslich Peridineen zu finden sind ».

Passiamo al terzo argomento col quale lo Steuer sostiene la sua ipotesi. Dopo aver fatto menzione di comparse improvvise di enormi quantità di piccoli organismi nelle acque di diversi mari, egli continua: « Bezüglich des Auftretens « eines ähnlichen « mare sporco » in aussereuropäischen « Meeren möchte ich zunachst auf Beobachtung Nishikawas « an japanischen Küsten des Pazifik hinweisen [1] ».

Ma se leggiamo la nota dell'autore giapponese constatiamo che anche questa volta lo Steuer è caduto in un equivoco. Il fenomeno dell'acqua macchiata (Discolored Water, Red-tide, in inglese; Aca-scivo in giapponese) non ha niente a che fare col « mare sporco » dell'Adriatico, ed è invece identico al fenomeno dell'acqua rossa, notato più volte nel Tirreno e in altri mari, e da me fatto conoscere in una breve comunicazione di quasi vent'anni fa, quando il detto fenomeno comparve ripetutamente nel Golfo di Spezia [2], ma che molti anni, molti secoli prima di me Mosè aveva ricordato per le acque del Nilo, trasformate in sangue e nelle quali i pesci morivano! Si tratta dell'improvvisa comparsa di una straordinaria quantità di microrganismi che danno all'acqua del mare la colorazione loro propria, come le emazie colorano in rosso il plasma del sangue.

Nel caso da me studiato si trattava del *Prorocentrum micans*, così abbondante che potei contarne più di mille individui in un millimetro quadrato. Nell'Aca-scivo delle coste

---

[1] STEUER - Planktonkunde p. 673. Leitfaden dei Planktonkunde. p. 356.
[2] CARAZZI D. - Il fenomeno dell'acqua rossa nel Golfo di Spezia. *Atti Soc. Ligustica Sc. Natur.* v. IV. 1893.

del Giappone il Niscicava ha constatato che trattavasi del *Gonyaulax polygramma* Stein ([1]).

Ma nel caso da me ricordato, come in quello dell'autore giapponese ed in tanti altri simili, nessuna traccia di mucosità, di sostanza gelatinosa, di « mare sporco ».

Per quali ragioni il Cori, malgrado le osservazioni da lui fatte ed esattamente riferite nella sua breve pubblicazione, accetta e fa sua l'ipotesi dello Steuer, pure non negando del tutto l'intervento « secondario » delle diatomee? « Si è anche, egli scrive, ritenuto, che le diatomee pro « ducano il muco; ma quando nei mesi d'inverno esse ab- « bondano su tutta la spiaggia del Golfo, ricoprendo di un « denso strato le piante e le pietre, l'acqua di mare è priva « di sostanza gelatinosa ([2]) ».

Qui c'è semplicemente da osservare che nessuno ha mai pensato, ch'io mi sappia, di attribuire la mucosità a quelle diatomee di fondo che il Cori ha visto aderire alle piante e alle pietre sommerse durante i mesi di gennaio e di febbraio. Sono invece diatomee planctoniche che riproducendosi in enorme quantità nei mesi estivi, infestano larghi tratti della superficie del mare di ammassi gelatinosi. Le specie del genere *Chaetoceras*, secondo le mie osservazioni, del genere *Nitschia* e di parecchi altri generi ancora, secondo altri.

Se invece di prendere in osservazione il fenomeno quand'esso è al suo massimo di sviluppo, si esamina metodicamente la serie dei saggi planctonici nei diversi periodi dell'anno si constata lo stretto rapporto che vi è fra la comparsa della sostanza gelatinosa nell'acqua del mare e la presenza di numerosi esemplari di quelle diatomee. Le quali possono essere in quantità tale da costituire, come dice bene il Cori, delle pure colture in mezzo al muco. E la quantità di questa sostanza che riveste il corpo delle Chetocere, sovratutto, è ben più grande di quella che circonda i peridinei durante la formazione delle spore.

([1]) NISCICAVA T. - Gonyaulax and the Discoloied Watei in the Bay of Agu. *Annotationes Zoologicae Japonenses*, v. IV. p. I. 1901. p. 33.

([2]) CORI, *op. cit.* p. 6.

Perchè, è importante tener conto che i peridinei solo quando si riproducono per spore, cioè nell'incistamento, hanno un rivestimento di muco, più denso, del resto, di quello che riveste le diatomee. Ma nei peridinei adulti ed in movi mento, lo strato di gelatina intorno alla corazza manca ; non essendo certo il caso di tener conto dell'esilissimo e limitato strato che il Kofoid (¹) chiama exoplasma, e che fu notato anche dal Broch (²). Chè se poi il Cori ha rilevato il lento muoversi dei flagelli di *Peridinium* non incistati in mezzo al muco, egli avrebbe dovuto anche comprendere che questo non poteva esser prodotto dai flagellati, perchè allora non si comprenderebbe che i movimenti si compiessero *dentro* del muco, mentre invece se il muco fosse parte del peridineo avrebbe dovuto muoversi *con* questo. Come la terra gira *con* l'atmosfera, e non *dentro* l'atmosfera, e come le diatomee si muovono col loro strato di gelatina, perchè questo è parte del corpo di quelle.

In conclusione, dalle mie osservazioni mi risulterebbe che le cose vanno proprio all'opposto di quel che lo Steuer ritiene, e i peridinei sarebbero essi impigliati nel muco che riveste le diatomee, alle quali ultime spetterebbe dunque la produzione del « mare sporco ».

Con questo non escludo che anche i peridinei, quando s'incistano, e si rivestono quindi di uno strato di sostanza gelatinosa, non contribuiscano alla mucosità del mare ; ma ritengo che questa (proprio all'opposto della convinzione del Cori) abbia un'importanza del tutto secondaria, in confronto alla quantità enorme di sostanza gelatinosa che coincide con la comparsa di numerose diatomee, specialmente di quelle appartenenti al genere *Chaetoceras* (³).

(¹) KOFOID C. - On *Peridinium Steini* Jörg. etc. in *Arch. Protistenk.* Bd. 16. 1909, p. 25.

(²) BROCH H. - Die Peridinium-Arten des Nordhafens bei Rovigno im Jahre 1909. *ibid. ibid.* Bd. 20. 1910, p. 176.

(³) SCHRÖDER, che già or sono dieci anni si era occupato di « Untersuchungen über Gallertbildungen der Algen (*Verh. Naturh. - Mediz. Vereins zu Heidelberg.* N. F. Bd 7. 1902 ; p. 139), nel recentissimo opuscolo prima citato (p. 609) ci dà una figura di un pezzo di catena di *Chaetoceras Whighami* Btw. con l'ampio strato di muco che la circonda. Il

V.

ZOOPLANCTON, ESCLUSI I COPEPODI.

Tolti i Copepodi, la tabella del zooplancton (vedi tab. G) si riduce ad un breve elenco di una trentina di specie. Anche qui nuove ricerche e un più diligente esame del materiale potranno darci un numero maggiore, ma non di molto. Di protozoi ho riconosciuto due forme di Foraminifere appartenonti a generi fra di loro assai vicini, e sei specie di Tintinnidi. Ma mentre le prime sono comuni alle due lagune, noi vediamo che i ciliati appartengono, con la sola eccezione di *Cyttarocyclis annulata* Dad., alla laguna viva.

Solo qualche individuo di una specie di Rotifero (gen. *Synchaeta)* ho trovato a Val Figheri. Una specie di *Echinoderes*, ma sempre in numero scarso è anche questa propria della laguna morta ; due soli individui riscontrai nei saggi di Malamocco. Al contrario la *Sagitta bipunctata*, benchè rara, si trova in laguna viva ; un unico esemplare fu pescato a Val Figheri. Le scarsissime larve di Echinodermi sono anch'esse della laguna viva. Quelle, talora molto abbondanti, di policheti (almeno tre specie) appartengono a tutte e due le lagune.

Pure comune a tutta la laguna è una larva (veliger) di Lamellibranco ; una seconda e di maggiori dimensioni (un terzo di più) è della laguna viva soltanto. Più numerose sono le larve di gasteropodi, ma di queste due sole trovansi frequenti e tutte due quasi esclusivamente in laguna viva.

È difficile stabilire quante specie di Copepodi siano rappresentate dai rispettivi Nauplius ; a priori si dovrà ritenere sieno quanto quelle : ma forme ben distinte, da attri-

---

muco si mette in evidenza aggiungendo al liquido contenente le alghe poche gocce d'inchiostro di China, ma del resto si scorge facilmente anche nel materiale fissato in formalina ed esaminato al microscopico con illuminazione molto limitata.

buire con sicurezza a specie diverse non se ne trovano più
di otto o dieci. E di queste solo quattro si presentano con
frequenza nel periodo di tempo preso in osservazione. Delle
quattro due sono proprie di Malamocco, le altre due sono
comuni alle due lagune. Anche una larva di *Balanus* trovasi, benchè scarsa o rara, tanto a Malamocco che a Val
Figheri.

Una sola idracne, giovane e quindi non sicuramente determinabile. si riconosce nel plancton della laguna morta. I
tunicati sono rappresentati da un'*Oikopleura* a Malamocco e
da una larva di Ascidia che si pesca anche a Val Figheri.

Benchè dunque si tratti di saggi planctonici presi nel
periodo di un solo mese, anche il zooplancton, copepodi
compresi, mostra una *facies* distinta nelle due lagune.

SPECIE	Numero d'ordine	LAGUNA VIVA (PORTO DI MALAMOCCO)																			LAGUNA MORTA (CASONE DEI FIGHERI)																			
		7 giugno 1907						10 giugno 1907						21-22 giugno 1907							5-6 luglio 1907							, giugno 1907							10 giugno 1907						21-22 giugno 1907				5-6 luglio 1907				

SPECIE / ORE

SPECIE	N°	9	10	11	13	14	15	16	9	11	13	14	15	16	18	21	24	6	9	12	14¾	17½	20	23	5	8	8 bis	11	14
ORE		z	z	z	z	z	a	a	a	a	z	z	z	z	a	z	z	a	z	z	—	a	z	z	a	a	—	z	z
Rotalia sp.?	1														s	—	—	—	—	—	—	6	—	1	—	—		—	—
Discorbina sp.?	2	r	r	—	—	—			5	—	1	—	1		1	—	r	—	1	—	—	s	r	r	r	—		r	—
Cyttarocyclis annulata *Dad.* .	3		r	—	—	—	—			—	—	—	—	1	3	s	s	c	—	r	r		—	r	—	—		—	—
» Ehrenbergi *Dad.* v. Adriatica	4	—	—	r	—	—	r		—	—	—	—	—		—	1	—	r	—	—	—								
» v. Claparèdii .	5	—	r	—	—	—	—		—	—	1	—										—	1	—	1	1		—	
Tintinnopsis campanula *Ehr.* . .	6	r	—	—	—	—	—		—	—	2	1	—									r	r	—	—	1	r	r	—
» Davidoffii *Dad.*	7																												
» v. longicauda . . .		r	—	r	—	—	r	r							—	—	—	—	—	—	1								
» nucula *Fol*	8														5	—	—	—	—	—	—								
Echinoderes sp.?	9								—	—	—	—	—	1								—	—	—	—	—		1	
Rotifera (Synchaeta?)	10																												
Larve di policheti	11	r	s	s	s	r	s	s							s	c	s	a	s	c	r	s	r	r	r	r	—	r	c
Sagitta bipunctata	12	s	r	r	—	r	r	r	r	r	r	r	r	r	1	r	2	5	3	—	2	r	r	r	r	s	r	2	
Larve di spatangidi	13	1	1	—	—	—	—		1	1	2	1	—	—	s	r	—	1	12	—	1	r	s	—	r	r	2	5	—
» di echinidi	14																					—	—	—	1	—		r	
» auricularia	15														—	1	—	4	—	—	1	—	—	—	1	—		r	
Lamellibranco, larva *a* . . .	16	s	c	c	c	c	c		c	c	c	c	c	c	s	r	—	r	r	r		c	s	s	s	c	c		c	
» *b* . . .	17	r	r	s	r	r	s		r	r	s	—	s		c	m	—	r	c	r		r	r	r	r	s	r		r	
Gasteropodo larva *a*	18	c	c	c	c	c	c		c	c	c	c	c		c	m	s	m	c	s		c	c	c	c	c	c		r	
» *b*	19	r	c	r	r	r	r		r	r	r	r	—		s	—	1	—	1			1	—	—	r	3	—			
Larve di meduse	20	2	5	—	—	1	—		—	—	—	—	2		—	—	—	—	—	2		1	—	—	—	—	—			
Nauplius *a*	21	r	s	—	—	—	r		—	r	r	r	r		—	—	—	—	—	—		—	—	—	—	—	r			
» *b*	22	s	s	r	—	s	s		r	r	—	r	r		r	—	—	—	—	—		r	—	s	—	r	—			
» *c*	23	r	r	r	—	r	r		—	—	r	—			r	s	s	c	r	r		r	r	—	r	r	s			
» *d*	24	s	s	s	s	s	s								c	s	r	c	r	r		r	r	r	r	s	s		c	
Metanauplius *a*	25	—	—	—	1	1	—		1	1	—	r	r		r	—	c	—	r	—		c	c	c	c	c	s		—	
» *b*	26	s	s	s	s	s	s								—	—	r	7	—	r	s		—	s	—	s	—		s	
Larva di Balanus	27	r	r	—	r	—	r		—	—	2	1	—		r	—	—	—	—	—	—	r	—	—	—	r	r		1	
Idracne	28																												
Oikopleura	29	r	r	r	s	—	s	s	r	r	s	s	a	r	r	c	s	c	c	r	r		c	c	r	r	r	—	3	
Larva di ascidia (?)	30	r	—	r	—	—	r		r	—	r	—	r		—	—	1	27	—	1	—		—	r	r	—	—			

SPECIE	N°	LAGUNA MORTA (CASONE DEI FIGHERI)																							
		9	10	11	12	13	14	15	16	9	10	11	13	14	15	16	18	21	24	6	9	12	17½	20	23	5	8	11
---	---	---	---	---	---	---	---	---	---	---	---	---	---	---	---	---	---	---	---	---	---	---	---	---	---	---	---	---
Rotalia sp.?	1	1	—	2	—	—				6	10	4	—	—	—		21	—	—	4	1	—
Discorbina sp.?	2	s	r	a	r	—	r	r	r	3	3	1	—	1	1	1	r	s	15	14	r	4	32	21	8	4	7	4
Cyttarocyclis annulata *Dad.*	3	—	—	r	—	—	r	—		—	—	r	—	—	—								7	—	3	—	2	—
Ehrenbergi v. Adriatica	4																											
v. Claparèdii	5																											
Tintinnopsis campanula *Ehr.*	6																											
Davidoffii *Dad.*	7																											
v. longicauda																												
nucula *Fol*	8	—		—		—	—			—	—	1	—															
Echinoderes sp.?	9	2	—	—	—	r	2	1		—	—	1	3	—			1	—	1	1	—	—	—	1	2	2	—	1
Rotifera (Synchaeta?)	10	—	—	1	—					1	1	r	—				—	—	1	—	—							
Larve di policheti	11	1	—	1	1	—	—		2		—	1	1	—			—	—	3	—			—	1	2	2	—	1
Sagitta bipunctata	12	—	—	1	—	—				—	1	—											—	1	2	2	—	1
Larve di spatangidi	13																											
di echinidi	14																											
auricularia	15																											
Lamellibranco, larva *a*	16	—	—	1	—	—				—	—	—	—	—			—	—	r	m	m	—	r	—	c	c	r	c
» *b*	17	r	—	r	r	r	r	—		m	m	m	m	m	m		—	—	r	m	m	—	r	—	c	c	r	c
Gasteropodo larva *a*	18	—	1	—	—	—				r	r	s	r	s	s		—	—	—	r	r		—	s	s	—	s	
» *b*	19									—	—	1	—															
Larve di meduse	20																											
Nauplius *a*	21	—	r	r	r	r	r	—	r	—	—	1	—															
» *b*	22	r	s	s	r	r	s	s		s	s	c	s	s	s		r	r	r	c	c	r		—	1!	r	—	4	s
» *c*	23	—	—	—	r	—	—			—	r	—																
» *d*	24	r	r	r	s	s	s	s		r	r	—	s	s	s		r	—	5	s	s	r		—	s	—	r	5	5
Metanauplius *a*	25	c	c	c	c	c	s	s		r	r	s	c	c	s		s	r	m	m	r		s	c	s	s			
» *b*	26	s	s	s	c	c	c	s		r	r	r	1	r	1		r	r	r	m	c	r		4	2	4	6	7	1
Larva di Balanus	27	r	r	r	r	r	r	r		—	s	1	r	s	s		s	r	s	c	r		4	2	4	6	7	1
Idracne	27	r	r	r	1	r	r	r		—	s	1	r	s	s		s	r	s	c	r		4	2	4	6	7	1
Oikopleura	28	c	s	s	c	c	c	s	s	c	r	c	r	r	s	s		41	7	—	s	10	6		56	20	7	c	12	32 :
Larva di ascidia (?)	30	—	—	—	—	—	—		r	r	3		—	c	s	r	—	—		—	—	6	—	28	10		2	—	—	4	11

Conclusioni generali

I. I bacini salsi con comunicazioni limitate col mare aperto hanno una
facies biologica loro propria : Il Lago Fusaro, il Limfjord, la Laguna
veneta. — II. Il plancton della Laguna morta presenta differenze
notevoli da quello della Laguna viva. — III. La corrente di marea
non è capace di spostare il plancton. — IV. Carattere boreale dal
plancton dell'Adriatico: limitata importanza da attribuire a questa
constatazione. Obiezioni alle pretese spiegazioni geologiche sull'attuale
distribuzione geografica del plancton.

Ho già ricordato che nell' intraprendere queste ricerche
sul plancton della Laguna veneta mi proponevo due obiet-
tivi : in primo luogo di vedere se, come avevo constatato
per il Lago Fusaro, esistessero notevoli differenze biologiche
fra la laguna e il mare libero. In secondo luogo se la corrente di marea influiva, e in quale grado, nella distribuzione
delle forme planctoniche. E benchè, come già dissi, questa
pubblicazione non possa considerarsi come un lavoro definitivo, essa risponde esaurientemente ai due quesiti che mi
ero proposti. E se per il primo la risposta è quale mi
aspettavo, del tutto inaspettata e non priva d' interesse si
manifesta, s' io non m' inganno, la seconda.

Nella mia Nota, già due volte citata, e ben poco conosciuta perchè pubblicata in un periodico che non è di
solito consultato dai biologi, misi in evidenza le sensibili
differenze fra il plancton del Lago Fusaro e quello dell'adia-
cente mare libero, differenze che si riscontrano tanto nelle
forme vegetali che in quelle animali. Così nel Fusaro non
ho mai riscontrato, in tre anni di ricerche, larve di *Polydora*.

neanche di quella specie che nel Golfo di Napoli e altrove (¹)
si annidano in abbondanza nelle lamelle dei gusci di ostriche:
le quali ultime sono coltivate in grande quantità nel Lago
Fusaro. Nei Ciliati delle 58 specie almeno del Golfo di Napoli, 20 delle quali molto frequenti, solo cinque vivono nel
lago, e di queste cinque, due forme sono proprie del Fusaro:
una buona varietà del *Tintinnopsis Vosmaeri* Dad. ed una
specie, probabilmente nuova, di *Codonella,* che fin dal 1900
battezzai per *C. sphaerica* (²). Di Copepodi il Golfo di Napoli
alberga, secondo il Giesbrecht, 180 specie; nel Fusaro ne
trovai quattro soltanto. Anche il fitoplancton qui è molto
più monotono, benchè abbondantissimo, in confronto del mare.

Anche quel singolare Fiordo–canale, il Limfjord, che tra-
versa tutta la penisola dello Jutland, dal Mare del Nord al Cattegat, benchè abbia ampie comunicazioni con l'uno e l'altro
mare e risenta sensibilmente gli effetti di una corrente che
va in direzione da Owest ad Est, ha un plancton proprio, che
differisce da quello dei due mari. Infatti esso è caratterizzato
da una scarsezza di specie e da un'abbondanza in quantità,
tale da superare del doppio quella del Cattegat e di ben dieci
volte quella del Mar del Nord, come risulta dalle ricerche
di Grun e di Petersen (³).

Una indipendenza analoga è manifesta nel plancton della
laguna morta (Val dei Figheri) in confronto di quello del
porto di Malamocco (Faro Rocchetta), cioè di un tratto della
laguna viva ch'è in immediata ed ampia comunicazione col
mare aperto; comunicazione che la forte corrente di marea,

(¹) Il Lago Fusaro ha una superficie di 2 chilometri quadrati all'in-
circa. Una profondità media di m. 2.50, poco più. Due lunghi canali, ma
poco profondi, mantengono le comunicazioni col mare. Come in tutto il
Tirreno, anche qui la marea è quasi nulla. La densità dell'acqua del
Lago subisce delle sensibili variazioni (da 1.0242 a 1.0282), ma differisce
poco da quella del mare (1.0276 − 1.0288),

(²) Nel suo recente lavoro ENTZ *jun.* (*Arch. Protistenkunde* 15 Bd.
1909, p. 93-226) descrive molti Tintinnidi, alcuni dei quali del Golfo di
Napoli; ma nessuno di essi è riferibile alla mia *C. sphaerica.*

(³) PETERSEN · Plankton Studies in the Limfjord. in *Rep. Danish
Biolog. Stat.* VII. Copenaghen, 1898.

nel canale formato dalle due dighe, rende ancora più facile
e attiva. La tabella A del Grandori (pag. 37) ci mostra che
sopra 69 specie di Copepodi solo 16 sono comuni alle due
stazioni di pesca, mentre 12 appartengono alla Laguna viva
e ben 41 caratterizzano la fauna planctonica di Val Figheri.
Tuttavia queste cifre danno una differenza troppo marcata
per non obbligarci ad un esame più accurato, dal quale ri-
sulteranno certamente attenuate quelle grandi differenze;
infatti una diecina di specie sono rappresentate da un numero così esiguo di individui catturati che, quando si tenga
conto che il Grandori accetta le specie fatte da Sars, le
quali spesso sono basate su caratteri così meschini e va
riabili da ritenerli indice di una variabilità individuale
nell'ambito di una vera e propria specie, credo si possa con
tranquilla coscienza eliminarle senz'altro dal novero com-
plessivo.

Con tutto ciò le differenze esistono e per alcune specie
in modo impressionante. E l'esame del rimanente zooplan
cton, come pure quello del fitoplancton, non fanno che con-
fermare nel modo più sicuro tali differenze. Ho già ricordato che i Tintinnidi sono caratteristici del plancton di Faro
Rocchetta, e sopra sei specie una sola è comune alle due
lagune. Così *Sagitta bipunctata* è rappresentata da un solo
individuo in laguna morta, mentre in quella viva, benchè
in scarso numero, è presente in quasi tutte le pescate. Ed
altri esempi si potrebbero addurre.

Anche la tabella del Fitoplancton, ribadisce tali differenze. Della specie di Peridinei 7 mancano a Val Figheri
mentre le altre 9 sono presenti in numero così esiguo da
essere autorizzato a concludere che sopra 17 specie ben 16
sono proprie della laguna viva. Anche le Bacillariacee con-
fermano la differenza fra le due lagune, e per non ripetermi
rimando, per gli esempi, a quanto scrissi a pag. 51.

Mi pare ozioso insistere più oltre, e credo di poter rite-
nere definitivamente acquisito questo risultato: come per il
Lago Fusaro e per il Limfjord, esistono delle marcate dif
ferenze biologiche fra la Laguna morta (Val Figheri) e la
Laguna viva, in vicinanza del porto-canale di Malamocco
(Faro Rocchetta).

Ma quale influenza ha la marea su queste differenze? A me pareva di dovere *a priori* ammettere che, quando il flusso, penetrato dal porto-canale di Malamocco, fosse giunto a Val Figheri, come pure quando il riflusso da quest'ultima località fosse disceso fino a Faro Rocchetta, le differenze nelle specie planctoniche dovessero essere molto minori, in confronto di quelle dei periodi di calma e di quelli, ancora più lunghi (quasi tre ore) durante i quali la marea percorreva i 17 chilometri che separano le due località. Ma i fatti mi hanno dimostrato che la mia convinzione era completamente erronea! Il flusso di marea *non* trasporta il plancton, o lo trasporta in così piccola quantità da considerare come nulla la sua infuenza! Certo che, per es. quella *Sagitta bipunctata*, trovata alle ore 14 del 7 giugno a Val Figheri, benchè fosse proprio in un'ora di bassa marea (il riflusso aveva cominciato dal mezzogiorno), doveva provenire da un trasporto di marea; come, viceversa, dovevano provenire da Val Figheri i due *Echinoderes* trovati nelle pescate del 10 giugno ore 16 e 6 luglio ore 11 a Faro Rocchetta (nell'uno e nell'altro caso la marea era discendente da diverse ore). E parecchi altri esempi si potrebbero aggiungere; ma si tratta sempre di casi eccezionali, che non tolgono forza alla conclusione sicura·

Il movimento di marea, per quanto in parte sia un vero movimento di trasporto (mentre in parte non è che movimento trasmesso, come quello ondoso), non ha il potere di smuovere dalla loro sede gli organismi planctonici, per quanto piccoli, per quanto sprovvisti o poco provvisti di organi di locomozione loro proprî, la presenza dei quali ci spiegherebbe la reazione al movimento di trasporto che la marea tenderebbe a far loro subire.

Le obiezioni che si possono fare a questa conclusione non mi sembrano efficaci. Si potrebbe obiettare che il plancton non viene trasportato perchè si sposta verticalmente. sottraendosi così all'azione superficiale della corrente. Ma le osservazioni ci obbligano a negare una qualunque differenza qualitativa o quantitativa in rapporto con le maree, nelle diverse pesche in una stessa località. E d'altra parte, data la poca profondità dei canali nella laguna morta, tali spostamenti verticali non sono possibili. Si potrebbe ritenere che il trasporto di molte specie planctoniche avviene in realtà, ma non è rilevato dalle pescate perchè le specie non adatte alla nuova sede, dove la corrente le trasporta, muoiono e quindi cadono a fondo. Ma parecchie di queste forme si riconoscerebbero anche se morte perchè le spoglie galleggiano a lungo; e molte volte ho determinato nel plancton specie rappresentate solo dal guscio; così per le diatomee, per i tintinnidi, per i rotiferi, per *Echinoderes*, ed altri.

Ci rimane adesso da prendere in esame un ultimo punto controverso e non privo d'interesse, quello che si riferisce al carattere boreale della flora e della fauna planctonica dell'Adriatico : carattere che si direbbe ancora più pronunciato nel plancton lagunare. Nello studio dei Copepodi il Grandori ha trovato nel plancton lagunare ben 38 specie, nuove per il Mediterraneo e ritenute fino ad oggi proprie dei mari nordici (vedi tabella C a pag. 40).

L'osservazione del resto non è nuova, ed era stata fatta dallo Steuer e, prima di questi dal Car; ed anche lo Schröder la ripete per il fitoplancton. Ma quest'ultimo nota anche che più d'una di queste pretese forme nordiche di diatomee erano state ritrovate nel plancton del Tirreno. E qui mi pare il caso di aggiungere subito, a rinforzo dell'osservazione dello Schröder, che anche il famoso « scampo » il *Nephros norvegicus*, così abbondante nell'Adriatico, non manca nel Tirreno, e il Carus nel suo « Prodromus » lo ricorda per Palermo, Napoli, Nizza e le Coste del Marocco. Mi pare dunque arrischiato portarlo come un esempio patente di forma nordica nell'Adriatico.

D'altronde, per gli stessi Copepodi non sarà inutile tener presente che alcune specie del Mediterraneo e perfino del Golfo di Guinea furono ritrovate dal Sars nei mari del Nord. Quindi io riterrei eccessiva la distinzione in zone ben caratteristiche, voluta dal Giesbrecht, per forme pelagiche come sono i Copepodi. Sono invece indiscutibilmente esatte, e confermate da tutti gli osservatori, le differenze complessive fra il plancton tropicale e quello dei mari freddi, quello più ricco di specie ma in quantità molto scarsa, in confronto

62

del plancton, monotono ma molto più abbondante, delle re-
gioni nordiche; ciò ch'è proprio all'opposto di quanto
Haeckel sosteneva. Come è certamente esatto l'altro rilievo
del Giesbrecht che, siccome le più spiccate differenze faunistiche si trovano andando dall'Equatore verso i Poli, mentre
sono minori girando nel senso dei paralleli, non sembra
giusta la teoria che ai continenti si debbano i limiti nella
distribuzione geografica, ma che piuttosto essa dipenda da
fattori in rapporto con la latitudine.

Quali ragioni s'invocano per spiegare tale rassomiglianza
fra il plancton dell'Adriatico e quello boreale? Si potrebbe
riportarsi alla vecchia ipotesi di considerare la fauna del
nostro mare come un relitto di antiche faune che si esten-
devano fino a noi nell'epoca glaciale. Ma tale ipotesi mi
pare ben poco solida, in quanto non risponde ad obiezioni
ovvie e molto gravi. Lasciamo stare quel ridicolo rimaneg-
giamento di mari e di continenti, che i geologi seri si guar-
dano bene dall'adoperare con quella infantile ingenuità usata
ai vecchi tempi dal Forbes e dal Wollaston e rimessa a
nuovo dal Forsith Mayer per la pretesa Tirrenide, ma bat-
tuta in breccia dalle argomentazioni del De Stefani (¹). Ma è
poi da chiedersi: perchè tale fauna boreale potè continuare
a vivere nei nostri mari, quando il cambiamento di clima
avrebbe dovuto farla scomparire? E d'altra parte perchè
permane un'abbastanza notevole differenza di fauna fra il
Tirreno e l'Adriatico; mentre è in confronto minore quella
che passa fra l'Adriatico e il Mar Nero, tanto più distante?
Non sarebbe più semplice ammettere un'identità di forme
come conseguenza necessaria dell'identità di ambiente, cioè
come una causa locale, senza bisogno di parlare di distribuzione, nel senso di trasporto da una località all'altra?
Nell'Adriatico vivono più storioni, come quantità di indi

(¹) Anche nella recentissima edizione del suo Corso di Zoologia
(Bologna 1911) Emery considera la Tirrenide ipotetica come un conti-
nente che avesse realmente esistito. Mettiamola in compagnia dell'Atlan-
tide e della Lemuria!

vidui ed anche come numero di specie, che nel Tirreno, ed alcune di esse si ritrovano nel Mar Nero ; ora a me pare più ragionevole ammettere che tali somiglianze sono la conseguenza di condizioni fisiche simili nei due mari Adriatico e Nero, e dissimili nel Tirreno. E basterà ricordare che nei primi due sboccano ampi e numerosi fiumi, che gli storioni amano risalire, mentre nel Tirreno, pochi, distanti fra di loro e poco ampi sono i corsi d'acqua che vi sboccano.

Ma su questo argomento della distribuzione degli organismi io vorrei andare più in là ed arrischiare l'affermazione che tutto questo problema è mal posto, in quanto si impernia su di un concetto che si dà per vero mentre invece bisognerebbe dimostrarne la realtà. Il concetto che la specie è comparsa in un punto e da questo s'è diffusa più o meno sulla terra è vero, od è semplicemente la continuazione della tradizione biblica ?

Qui si entrerebbe in una discussione troppo lontana dall'argomento che sto trattando, ma voglio ripetere quel ch'io dissi già dodici anni fa, nel mio lavoro sul Plancton del Fusaro, che queste specie locali possono riconoscere la loro origine nelle cause stabilite dal Wagner, cioè nell'isolamento, e che il fatto di ritrovarsi identiche in località fra di loro lontane è una conseguenza dell'identità delle condizioni ambienti di quelle diverse località. Questo vale per le piccole specie, quelle dette Jordaniane, che tali sono, e non altro, queste specie sulle quali si sono stabilite le differenze faunistiche fra i diversi mari ; tali parecchie specie di Copepodi del Sars, tali quelle di Peridinei dello Schröder e così di seguito. Le grandi specie, le specie Linneane, dirò per intenderci, che sono per me le sole reali, nè più nè meno di quel che sia reale l'individuo, non hanno limiti così ristretti, sovratutto nella fauna marina, e possono essere addirittura diffuse su tutta la superficie del globo. Chè non v'è dubbio alcuno sull'identità specifica di *Caprella acutifrons* dei mari dei due emisferi, ad esempio, o di *Boccardia polybranchia*, per citare forme fra le meno capaci di lontane emigrazioni.

Con ciò non intendo negare niente affatto anche l'esistenza di una distribuzione sia attiva sia (e, checchè qual cuno abbia voluto obiettare, indiscutibilmente importante) passiva; ma mi pare che non si debba trascurare le ragioni da me addotte per sostenere la formazione *in situ* di molte specie, evitando così — ed e questo un merito della mia ipotesi che intendo rilevare   questo continuo. ma fantastico, sprofondamento di continenti e sollevamento di oceani!

CPSIA information can be obtained
at www.ICGtesting.com
Printed in the USA
BVHW03s1455080618
518607BV00008B/19/P

9 781332 454792